智慧书

[典藏版]

[西]巴尔塔沙·葛拉西安 著
陈利红 陈瑛 译

中国·武汉

图书在版编目（CIP）数据

智慧书 /（西）葛拉西安著；陈利红，陈瑛译. -- 武汉：华中科技大学出版社，2016.6（2025.2 重印）

ISBN 978-7-5680-1759-6

Ⅰ.①智… Ⅱ.①葛…②陈…③陈… Ⅲ.①人生哲学—通俗读物 Ⅳ.① B821-49

中国版本图书馆 CIP 数据核字 (2016) 第 088218 号

智慧书
Zhihui Shu

［西］巴尔塔沙·葛拉西安 著

陈利红 陈瑛 译

责任编辑：沈剑锋
封面设计：嫁衣工舍
责任校对：谢 源
责任监印：朱 玢
出版发行：华中科技大学出版社（中国·武汉）
　　　　　武昌喻家山　邮编：430074　电话：（027）81321913
印　　刷：武汉科源印刷设计有限公司
开　　本：880mm×1230mm 1/32
印　　张：6.5
字　　数：140 千字
版　　次：2025 年 2 月第 1 版第 15 次印刷
定　　价：25.00 元

本书若有印装质量问题，请向出版社营销中心调换
全国免费服务热线：400-6679-118 竭诚为您服务
版权所有 侵权必究

无智慧，不青春

一

在人类历史的长河中，不同的国家，不同的民族，不同的时代，都涌现过很多思想家以及他们的代表作品。今天，我们所处的是一个物质空前充足而精神极度匮乏的时代，一个信息空前泛滥而智慧极度稀缺的时代，一个个性极尽张扬而内心孤独迷茫的时代。

当我们离开课堂步入社会，开始在这个纷繁复杂的江湖打拼之时，如何才能保证自己不会迷失在欲望里，沉醉在浅薄中，飘浮于喧嚣上？你带上求知的心灵，我奉上圣哲的智慧。有幸能在浩如烟海的典籍中偶遇，这必然是上帝的馈赠。编者希望这套"西方经典文库"能带给你不一样的人生智慧。

二

现在，出现在你眼前的这本《智慧书》，是"西方经典文库"的第一本书。德国大哲学家叔本华读完此书，认为它"绝对的独一无二"，欣然将之译成德文。他说："本书教导人人乐于身体力行的艺术，因此适宜人手一本，俯仰浮沉于万丈红尘中之人，特别适合作为手册，尤其是有志在此世界发达纵横的青年。书中的教导，他们如不读本书，则唯待自行长久阅世始有所得，此书捧读一遍显然不够，还应时时参详，以备随机制宜——简言之，此书足以为毕生良伴。"尼采则评价说："关于精神道德之微妙，欧洲尚无比此更精美而兼复杂之作。"在1873年的一则札记里，尼采写道："葛拉西安的人生经验，显示出今日无人能比的智慧与颖悟。"那么，这部同时获得叔本华和尼采夸赞的作品，到底有何特别之处？作者又是何方神圣呢？

《智慧书》是一本由三百则格言警句组成的箴言录。而它最令人印象深刻的，就是用极其简洁的叙述方式，鞭辟入里地剖析了人性，在此方面，它显示出了登峰造极的智慧。作者通过本书传达了这样的理念：情商并不是天生的，而是可以通过后天的练习获得，而且后天的练习更为重要。为此，作者苦心孤诣地提供了诸多实用技巧。毫无疑问，此书是最为实用的情商练习手册。为便于阅读，编者特意将三百则格言按照内容的相似性重新做了编排，将全书分成十大板块，以便于读者朋友选择性阅读。

可以这么说，不论是东方的《增广贤文》《菜根谭》等，还是西方的《人性的弱点》及《论人生》等诸多处世之书，都难以在品位、系统、全面、深刻等方面与《智慧书》相媲美。只有对人生思考得最透彻的智者，才能用如此精练的语言将如此广博的智慧表述得如此明白、睿智而又生动。这位智者就是西班牙一位生活在17世纪的耶稣会教士——巴尔塔沙·葛拉西安。

三

葛拉西安（1601—1658），1601年出生于西班牙阿拉贡的贝尔蒙特村。青少年时期，他在托雷多与萨拉戈萨学习哲学与文学，1619年加入耶稣会见习修行。此后数十年，他历任军中神父、告解神父、宣教师、教授，还当过几所耶稣会学院的院长。或许，他就是在穿梭于和平与战争时，在与公职人员往来时，坚持长期观察各种类型人物的行为，并因此获得其格言警句之灵感。

葛拉西安的奇特之处在于，身为教士本应该清心寡欲，但他却充满入世情怀；虽信仰耶稣，却始终强调人类理性，坚信人的完美取决于人的自律与勤奋，而不是靠宗教的启示，《智慧书》罕言上帝；作者虽然身在耶稣会，却完全无视组织的清规戒律：他曾多次受到耶稣会的警告，未经允许不得出版作品，但他违令如故。他先后出版了《英雄》（1637年）、《政治家》（1640年）、《诗之才艺》（1643年）、《智慧书》（1647年）等，甚至不少作品都假借他兄弟之名出版。1651年，葛拉西安未经允许，出版了讽刺人生的寓言小说《批评大师》，耶稣会终于解除他在萨拉戈萨的教席职务，并把他放逐到一个乡下小镇，密切监视他，禁止他使用笔墨和纸。1658年，葛拉西安终老于此。

四

葛拉西安是17世纪文笔最节省、干净的作家之一。他的思想对伏尔泰、高乃依等许多欧洲著名的道德伦理学家、戏剧家，以及17至18世纪德国宫廷文学、19世纪的哲学都产生过重要影响。欧洲的许多学者相信，千百年来，人类思想史上具有永恒价值的处世智慧包含于三大奇书中：《君主论》《孙子兵法》《智慧书》。这或许就是时间还给葛拉西安的一个公道——他的著作至今广为流传，他本人青史留名！

在本书翻译过程中，如下人员提供了帮助，在此谨表谢意（排名不分先后）：

王　刚　王　丽　齐小雷　李世忠　刘　佳　杨春秀　罗园月
赵纯爱　徐小平　梁江丽　隆　琦　彭　婷　廖雯丽

译者序

人类总是渴望智慧，希望自己能智慧地处世，智慧地生活，但往往事与愿违，生活中的我们常常缺少这种智慧。智慧不是聪明，也不是精明，更不是蠢钝。我们可能精于算计，在某些方面有所成就，但对于生活处世来说，却未必样样得意，因此，总是徒增烦恼。那么，我们该如何处理呢？

于是，这本《智慧书》应运而生。书里随处可见精彩绝妙的论句，或一语道破人生真谛，或对处世方法给出精妙的见解，或说透人性，或对自我的内在修为给出最实用的建议……作者通过这些多姿多彩且鞭辟入里的人生格言，使人们不仅获得克服生活中诸多问题的良方，更重要的是增强了对生活的理解和洞察力。

《智慧书》为巴尔塔沙·葛拉西安的代表作，浓缩了做人处世的智慧，汇集了关于知人、观事、判断和行动的三百则箴言，其待人之理、律己之道，堪称则则精辟、字字珠玑。本书以一种令人惊异的冷峻态度，极深刻地描述了人生处世的经验，提供了战胜艰险、困顿与迷茫的种种良策。

例如，书里教导人们要认识自己。人们始终觉得自己已经认识自己，但其实了解自己比认识他人、了解他人更难一些。阅读《智慧书》，学习书中的智慧，特别是学习"了解自己"，可以让人们在认识自己、了解自己方面有更加深入的思考。记得多年前，

◆ **智慧书** ◆

The Art of Worldly Wisdom

在报纸上看到有一家学校的老师组织全班同学做测试的报道。测试的内容是认为自己在一公里之内，步行速度属于班里中等以上的请举手，结果全班同学都举手了。可是如果大家都是中等以上，那谁是中等以下呢？所以，测试的结论是：人总是高看自己。古人讲："以铜为镜可以正衣冠，以人为镜可以明得失。"我们每个人要经常"照镜子"，才能不断地认识自己，只有经常"照镜子"，才能发现自己的问题和不足。

《智慧书》就是这样一本书。它使我们看到自己的不足，但同时又使我们认识到，生活并不像某些悲观主义者所断言的那样没有任何希望。实际上，葛拉西安暗示，只要人们学会了某些必要的生活技巧，就有可能战胜困难与邪恶，从而获得幸福。

人生要想经营得好，的确需要大智慧。而这本《智慧书》的确是一本值得静下心来仔细阅读的好书。愿本书能帮助人们早悟人生之道，快乐生活。

译者

2016年4月

目录 CONTENTS

◎ 第一章 如何成为内心强大的自己 / 001

世间的万事万物都已完美 / 002
人的最高精神素质是不为一时冲动的情绪所摆布 / 002
学识和善心 / 003
管束你的想象力 / 003
要了解自己的特长 / 003
要有城府，但不要滥用城府 / 004
努力做一个有思想、有内涵的人 / 004
做出明智的选择 / 005
要永远保持镇静 / 006
善于展示你的勇气 / 006
远离忧愁与烦恼 / 007
把英雄豪杰当作自己的偶像 / 008

◆ 智慧书 ◆

The Art of Worldly Wisdom

了解自己 / 008
准确的辨别力 / 009
天降大福也要有大气度消受 / 009
培养高尚的品格 / 010
收藏好受伤的手指 / 010
一定要自立 / 011
遵从你的内心 / 011
了解与你同时代的伟人 / 012
举轻若重，又要举重若轻 / 013
学会漠视 / 013
要有自制力 / 014
爱与恨，都不会永恒不变 / 014
不要被别人视为伪君子 / 015
不要故意让自己变得古怪 / 016
不要过于善良 / 016
求知不妨多一点，生活不妨省一点 / 017
懂得如何行善 / 017
懂得遗忘 / 018
任何时候都不能大意 / 018
过犹不及，善良亦如此 / 019
坚持让自己的品性变得完善 / 019
有三样东西能造就非凡的人 / 020
千言万语化为一句话：做一个圣明的人 / 020

◎ 第二章 驰骋职场的艺术 / 021

不要看起来比你的上司高明 / 022

广纳智士贤人 / 022

实力与实干 / 023

学会利用他人的弱点 / 024

既要勤奋也要学会用脑 / 024

勇于破旧立新 / 025

明察不同工作的需求 / 025

常与坚持原则的人交往 / 026

绝不抱怨 / 027

既要埋头实干,也要抬头表现 / 027

售货要有方法 / 028

斗争,但要有底线 / 028

如果你穿着鞋,就别与光脚的人相争 / 029

避免与人过于亲近 / 030

掌握保留绝技的艺术 / 030

克服自己的缺点 / 031

未完成的作品不要示人 / 031

欲求日后的报答,先主动施恩 / 032

不要分享领导的秘密 / 032

知道自己的不足之处 / 033

有福同享,有难同当 / 033

人都是逼出来的,你的下属也应如此 / 034

利用好人们对你的新鲜感 / 035

如果你实力不够，就该脚踏实地，选择一个最有把握的目标 / 035

善于展示才干 / 036

善于创新是一项伟大的天赋 / 037

让你的素质超越你的职责要求 / 037

即使取得成功，也要低调行事 / 038

◎ 第三章　如何拥有完美的人际关系 / 039

与可以做你老师的人交朋友 / 040

见微知著的方法 / 040

善言善行，获取好感 / 041

英雄惜英雄 / 041

要与人为善 / 042

不要经常开玩笑 / 043

与人同行是成为理想的人的捷径 / 043

拥有朋友 / 044

要懂得未雨绸缪 / 044

不要轻易与人相争 / 045

习惯朋友、家人和相识的人的缺点 / 045

宁与众人共醉，不要独自清醒 / 046

善于采纳不同的建议 / 046

适时推责给他人 / 047

学会选择朋友 / 048

识人不准很麻烦 / 048

善用朋友 / 049

不要滥用别人欠你的人情 / 049
交往之时要够坦诚，勿矫情 / 050
不要拘泥于繁文缛节 / 051
谨防那些无事献殷勤的人 / 051
要提防那些口口声声以你为重的人 / 052
获取人们的好感 / 052
帮人帮到点子上 / 053
求人是个技术活 / 053
于己于人，力求知恩图报 / 054
绝不主动解释，尤其是在没被要求的情况下 / 055
人活着，并不全为自己，也不全为他人 / 055
交友有风险，断交需谨慎 / 056
人生而孤独，你与别人无法完全彼此相属 / 057
了解你所交往的人的性格 / 057
尽量适应平凡，但保持个性与尊严 / 058
不要轻易回应驳斥的意见 / 059
准确区分敬爱与喜爱，如能同时获得则是莫大的幸运 / 059
善于揣度他人心理 / 060
使人常有饥饿感 / 060

◎ 第四章　修身之道，处世良方 / 061

性格和聪慧是发挥天赋的重要决定因素 / 062
有识并有胆，才能成就伟业 / 062
培养人们对你的依赖心理 / 062

◆ 智慧书 ◆

The Art of Worldly Wisdom

至善至美的境界 / 063

避免自己与生俱来的缺陷 / 063

先要知道他人另有所图，然后再见机行事 / 064

见多识广 / 065

要学会遮掩瑕疵 / 065

博不如精 / 066

万事要学会脱俗 / 066

让众人知道你善解人意 / 067

要对自己的时运了然于心 / 067

了解事物的成熟时机，然后加以利用 / 068

不要失去自尊心，也不要对自己过于随便 / 068

要善于等待 / 069

不要过分显示自己 / 069

博才多艺 / 070

世上一半人在嘲笑另一半人，其实所有人都是傻瓜 / 070

切勿炫耀你的好运 / 071

不要露出自鸣得意的神态 / 072

切勿谈论自己 / 073

不要装腔作势 / 073

大胸襟与大气度 / 074

顺其自然的艺术 / 074

淡定面对时好时坏的运气 / 075

不要只相信自己的判断 / 076

勿轻信他人，也勿轻易承诺 / 076

要善于控制你的激情 / 077

明了自己喜欢的缺陷 / 078

凡事留有余地 / 079

或生而知之，或学而知之 / 079

不要轻易将自己或别人置于尴尬的境地 / 080

不要被第一印象蒙蔽 / 080

不要诽谤他人 / 081

为人不要斤斤计较 / 081

大智若愚 / 082

不要执迷不悟 / 082

做一个正直和诚信之人 / 083

赢得智者的喜爱 / 083

顺应时势 / 084

做人要表现得成熟稳重 / 085

站在对方的立场思考 / 085

拥有雄才大略的品质 / 086

谨言慎行，就如同随时处于被监视中 / 086

◎ 第五章 做事有诀窍，行动讲方法 / 087

不要让所做的事完全公开 / 088

现实与风度 / 088

不断改变自己的行为模式 / 089

事情刚开始时不要让人有太高的期望 / 089

遇事要仔细斟酌 / 090

生而具有王者气质 / 090

善于观察，勇于决断 / 091

谋定而后动 / 091

准确的判断 / 092

欲善其事，先利其器 / 092

做事要追求完美的结局 / 093

从事能使你获得赞扬的行业 / 093

做事的诀窍在于试探与摸索 / 094

不要执着于十全十美 / 095

懂得如何利用敌人 / 095

三思而后行 / 096

切勿小题大做 / 096

不断改善你的判断 / 097

牵牛要牵牛鼻子 / 097

凡事要看好的一面 / 098

透过现象看本质 / 098

高瞻远瞩 / 099

学会试探 / 100

分辨善言之人与善行之人 / 100

不要做对手希望你做的事 / 101

展示你的勇气，是处世的明智之举 / 101

利用别人的欲望 / 102

能愉悦众人的事，就大胆去做 / 102

要懂得如何欣赏他人 / 103

做事勿凭臆断，而应源于沟通 / 103

读万卷书，行万里路 / 104
做事要善始善终 / 105
有备才无患 / 105
随便喊价，但态度要恭敬 / 106
为情绪所控时，不要贸然行动 / 107

◎ 第六章　名和利啊，什么东西？ / 109

名声与运气 / 110
不要做有损名声的事情 / 110
要学会趋利避害 / 111
功成身退，见好就收 / 111
尽量避免危险之境 / 112
赢得并保持你的美名 / 112
每个人都应保有自己的尊严 / 113
赢得谦卑有礼的美名 / 113
要成为众望所归的人 / 114
不要去挑战巨人留下的光辉 / 114
如何战胜对手的妒忌与恶意 / 115
不要孤注一掷 / 115
君子爱名，取之有道 / 116
勿将自己的名誉托付于人，除非他以名誉作为抵押 / 116
别故意让自己变得瞩目和抢眼 / 117

◎ 第七章　如何与这个世界交朋友 / 119

自然与人工：素材与加工 / 120
关于生逢其时的人 / 120
成功之道 / 121
要刚正不阿 / 121
心属精英，口随大众 / 122
控制你的反感情绪 / 122
启发别人的心智，胜过帮助他回忆 / 123
在博闻多识方面要谨慎 / 124
在任何情况下都要有超凡的智慧 / 124
保持人们对你的期望 / 125
真相与表象 / 125
急流勇退 / 125
不要老记着别人的过失 / 126
加倍储存你的生命必需品 / 126
退避三舍，以求最后的胜利 / 127
幸运与不幸都是上帝的安排，勿滥施你的同情 / 128
不要让自己过于匆忙 / 128
不要太固执 / 129
要懂得怎样易地而居 / 130
天堂里万般皆乐，地狱中一切皆苦 / 130
谨防隐瞒自己意图的人 / 131
用不上力量，就用谋略 / 131
客观看待事物的正面与反面 / 132

睁眼要及时，出名要趁早 / 133

不要热衷于新鲜事物 / 133

不要在生命即将终止时才开始你的人生 / 134

何时该反向理解别人的话 / 134

擅长运用人的手段 / 135

勿以恶小而轻之 / 135

◎ 第八章　令人愉悦的说话之道 / 137

懂得如何拒绝 / 138

善于说一些俏皮话，并巧加利用 / 138

不要言过其实 / 139

拒绝有方法 / 139

退避有道 / 140

预防众口铄金 / 141

勿招人厌烦 / 141

让言行富有权威 / 142

不要总是公开唱反调 / 142

不要为了免俗而崇尚诡辩之术 / 143

学会谈话艺术 / 143

千万要慎言 / 144

稳重含蓄是才能的标志 / 145

说真话，但不要说出全部真话 / 145

多为别人点赞 / 146

要懂得如何说出真相 / 146

学会反驳之道 / 147

清晰地表达自己，并保持简洁和流畅 / 148

沉默是金 / 148

容忍别人的嘲讽，但不要嘲笑别人 / 149

不要把你的想法表达得太清楚 / 149

甜美的话，温柔地说 / 150

◎ 第九章　如何成为更好的自己 / 151

随机应变 / 152

灵活地向周围的人展示自己 / 152

结局好才算好 / 153

追求卓越，然后再卓越一点 / 153

先下手为强 / 154

趣味要高雅 / 154

不要举棋不定 / 155

不要败在一时冲动 / 156

行事要果断 / 156

做人须机智善变 / 157

养成轻松愉快的性格 / 158

容许自己有无伤大雅的过错 / 158

文明和教养 / 159

豪爽待人，志存高远 / 159

长寿的方法 / 160

让你的能力高深莫测 / 160

目录

隐藏你的意图 / 161
保持清醒，不沉浸于幻觉和欺骗 / 161
不要斤斤计较 / 162
争取他人的好感 / 162
不要惹人生厌 / 163
生活讲求实际，知识只求实用 / 163
凡事潇洒从容 / 164
有智慧者自足 / 165
不要与让你黯然失色的人交朋友 / 166
做人要厚道 / 166
不怕一万，就怕万一 / 167
追求无用之用 / 167
心平气和地生活 / 168
客观看待自己，以及自己的未来 / 168
要学会追随自己的幸运 / 169
知足，同时留一些愿望到明天去实现 / 170
语言完美，行动完美，你就完美 / 170
合理规划自己的生活 / 171
才智过人的标志就是，不按常理出牌 / 171
预见到阻力，并将它转化为动力 / 172
不要独自一人占有所有好东西 / 172
不要以一人之力阻挡时代潮流 / 173
保持足够的吸引力 / 173
不轻易露面，更能赢得尊重 / 174
不要多管闲事 / 174

无须对所有的事和人都负责 / 175

◎ 第十章 避免愚蠢 / 177

做了蠢事不算蠢，不懂得掩藏才是真蠢 / 178
如果对手捷足先登，切勿盲目跟进 / 178
懂得如何忍受愚蠢 / 179
不要成为愚蠢的怪物 / 180
发现不足，无论其地位高低 / 180
不要栽在蠢人手中 / 181
看起来愚蠢的人都是蠢人，看起来聪明的人有一半是蠢人 / 181
要清楚庸俗之辈无处不在 / 182
不要死在愚蠢上 / 182
把自己从世俗的愚蠢中解脱出来 / 183
同一件蠢事不要干两次 / 184
蠢人与聪明人的差别在于行动的时机 / 184
别让别人的厄运毁了自己 / 185
轻浮，容易招来最难堪的耻辱 / 185

第一章
如何成为内心强大的自己

▢ 世间的万事万物都已完美

世间的万事万物都已完美。而要成为一个真正道德上完美的人，那就到达了宇宙万物的顶峰。但在如今这个世界上，要造就一个圣贤，简直比古希腊时期造就希腊七贤[①]还要困难；而要对付一个人需要花费的精力物力，比过去对付整个民族所要花费的精力物力更大。（箴言1）

▢ 人的最高精神素质是不为一时冲动的情绪所摆布

人的最高精神素质是不为一时冲动的情绪所摆布。自尊使人免受庸俗和短暂的冲动的干扰。能战胜自己以及自己的冲动情绪，就是最大的胜利，因为这是一种意志的胜利。即使受激情的影响，也不要让它威胁你的地位，特别是当你的地位对你十分重要的时候。这是避免麻烦最好的办法，也是获得他人尊重的最佳捷径。（箴言8）

[①] 希腊七贤：也称希腊七智，指的是公元前7世纪至公元前6世纪活跃于希腊诸城邦政治舞台上的七位著名政治家、立法家或社会活动家，被公认为当时最有智慧的人。他们分别是梭伦、泰勒斯、庇塔库斯、毕阿斯、奇伦、佩里安德、克莱俄布卢。另一说则是：泰勒斯、柏拉图、苏格拉底、亚里士多德、毕达哥拉斯、欧几里得、阿基米德。

第一章 | 如何成为内心强大的自己

◘ 学识和善心

学识和善心,两者结合起来能使人成功。若超常的悟性与心术不正结合在一起,不但不能成功,甚至会成为野蛮的恶习。邪恶的意愿通常会毒害完美,如果再加上知识的帮助,则危害更大;因此,无论是什么人,哪怕是天才,若居心不良,必会遭到毁灭。有学识而不明是非的人,其实倍加愚蠢。(箴言16)

◘ 管束你的想象力

管束你的想象力。对于想象力,你必须有时约束它,有时激励它。这件事关系到我们是否幸福和快乐。有时候,想象力像一个暴君,它不满足于沉思默想,往往会激发行动,主宰你的生活,使你的生活变得愉快或不愉快,使你变得忧郁或扬扬自得。对有些人来说,想象力只带来忧愁,因为它总是缠住愚蠢的人;而对另一些人来说,想象力却能带来幸福、快乐。因此,如果我们不用谨慎与常识约束想象力,它什么都干得出来;相反,如果运用得当,也会有好的收获。(箴言24)

◘ 要了解自己的特长

要了解自己的特长。发掘天赋并培养它,会有助于发展其他特长。如果人人都知道自己擅长做什么,那么人人都能在某个领域取得卓越成就。因此，一定要先弄清自己的禀赋究竟在哪里，然后竭尽全力将它发展壮大。有的人明察善断，有的人富有勇气，但大多数人都在盲目地强用自己的天资，结果一无所获。他们被自己的热情所蒙蔽，等到日后醒悟过来，却悔之晚矣。（箴言34）

▫ 要有城府，但不要滥用城府

要有城府，但不要滥用城府。潜藏在内心深处的意图不宜泄露出去。任何心计都需要加以掩盖，因为它们会招致人们的反感；深藏不露的意图更应如此，因为它们会招致人们的憎恨。人世间的欺骗随处可见，所以你千万要小心防范。但你的这种防范心理又必须掩盖起来，否则就会招来人们对你的怀疑；你的这种防范心理一旦伤害了别人，不但会招致别人的报复，还会生出不可预知的祸患。做事之前三思而行是十分必要的，这能直接印证你的智慧。一件事情能否圆满完成，往往取决于实现行动的手段是否周全。（箴言45）

▫ 努力做一个有思想、有内涵的人

努力做一个有思想、有内涵的人。正如珍贵的钻石往往深埋地底一样，内在的品质往往比表面的光鲜更可贵。有的人只注重表面现象，好像一所房子，门口修建得像宫殿一般

第一章 | 如何成为内心强大的自己

辉煌,屋子里面却像草棚一样简陋不堪。尽管他们自己总是会主动招呼你,但在一开头把该说的客套话说完之后,他们就无话可说了,就好比你无法在他们简陋的房子里找到值得停留的地方。他们最初的客套话活泼生动,像西西里的骏马,但接下来就会变得像安静的修道院。因为,只有经过智慧清泉的不断灌溉,你才能口若悬河而又言之有物。漂亮的表象往往容易蒙住那些见识肤浅的人,却无法在目光犀利之人那里蒙混过关。因为明智之人会看透他们的本质,知道他们的内心深处其实空无一物。(箴言48)

▢ 做出明智的选择

做出明智的选择。绝大多数时候,生活中大部分的事情取决于你有没有选择的能力。因此,你需要有良好的品位和正确的判断力,毕竟仅仅靠智力和实践能力是远远不足以成事的。不懂得明察和适当的选择,就不可能有完美的结果。想做到完美,就需要具备两种才华:懂得选择的才华,以及能做出最佳选择的才华。有许多人聪明多智、判断敏锐,既勤奋又博闻强识,但在如何选择这个问题上却常常不知所措。他们总是会做出最差的选择,就好像特意要显露他们擅长做错误选择的本领似的。所以,懂得如何选择,是老天爷赋予你最伟大的才华之一。(箴言51)

◆ 智慧书 ◆

The Art of Worldly Wisdom

▫ 要永远保持镇静

要永远保持镇静。谨慎之人的目标之一是，永远保持良好的自我控制能力。这种能力是一种标志，它往往彰显的是高尚的人格和崇高的内心，因为只有胸怀似海的人，才不会轻易受情绪制约。激情是心灵生出的古怪玩笑，稍稍过量的激情，便会影响我们的判断。如果任由你的激情泛滥，必定将殃及你的声名。因此，你要完全彻底地主宰自己，要做到不管是居庙堂之高，还是处江湖之远，都不会因为情绪失控而招致批评，损害声誉。相反，只有做到荣辱不惊，大家才会钦佩你的卓尔不凡。（箴言52）

▫ 善于展示你的勇气

善于展示你的勇气。即使是兔子，也敢拔死狮子的胡须。勇气与爱情一样，绝不是可以随便开玩笑的事情。它只要屈服过一次，就会一而再，再而三地屈服下去，永无止境。不管是在事情的开始还是结尾，相同的困难都会一直在，与其等到最后被迫加以克服，倒不如趁早解决好。由精神而激发出的勇气，往往比身体里迸发出的蛮力要强大得多。你的勇气，就如同锋利的刀剑：平时谨慎地藏在刀鞘里，等到需要的时候则锋芒毕露。你的勇气，也同样是你自卫的武器。精神的虚弱比肢体的虚弱更具危害性。许多品质非凡的人，往往就是因为缺乏

第一章 | 如何成为内心强大的自己

这种浩然之气,从而死气沉沉地度过一生,最后在萎靡不振的状态里死去。神奇的大自然自有其奇妙的安排:让蜜蜂同时具备甘甜的蜂蜜和带毒的蜂刺。所以,要使自己身上兼具勇气和骨气:不要让你的精神患上软骨症。(箴言54)

◻ 远离忧愁与烦恼

远离忧愁与烦恼。尽量行事小心,远离烦恼祸患,这样做既明智又有益,它会使你减少许多不必要的麻烦。谨慎就好比努西娜女神①,可以给你带来幸运和快乐。不要给他人带来无可挽回的坏消息,自己也不要接收这类坏消息,除非你确定它有利于自己。有的人双耳听多了甜蜜的恭维,早已难辨忠奸;有的人则因为听多了流言飞语而不辨黑白;还有的人,如果哪天没遇到烦心事便会疑神疑鬼,就像米斯利达提斯②那样,每天不服一剂毒药就难以安生。为了赢得别人的欢心而让自己终生郁闷——即使他是你的密友——也绝非良策。有的人虽曾帮你出谋划策,但他自己并未因此担什么风险,所以你也不必为讨好他而错失自己的好机会。假如需要你给予别人快乐,却意味着要留给自己痛苦时,请记住这个教训:与其让自己事后忍受无

---

① 努西娜女神:古罗马的分娩女神。
② 米斯利达提斯:本都国王,传说他因害怕敌人的毒害,于是每天服一点毒药,使自己的身体产生抗毒能力。

可救药的痛苦，不如让别人现在就受一点痛苦。（箴言64）

▫ 把英雄豪杰当作自己的偶像

把英雄豪杰当作自己的偶像。选择一位英雄作为你的偶像，不过，你要努力与他竞赛——而不是一心一意地去模仿他。世上伟人有很多种，他们都是荣誉的"活教材"。在自己的领域中选出一位顶尖人物作为自己的楷模，不是为了一味地仿效他，而是要超过他。亚历山大①在阿基里斯②墓前潸然泪下，但他不是为阿基里斯而哭泣，而是哭自己，哭自己无缘像阿基里斯那样名垂千古。世界万物中，只有英雄的盛名最能激起凡人的壮志雄心。他人的盛名就像激人奋进的号角，可使人忘记单纯的嫉妒，从而向前奋进，成就一番崇高伟业。（箴言75）

▫ 了解自己

了解自己。明察自己的性格、智慧、判断和情感。如果

---

① 亚历山大：即亚历山大三世，马其顿帝国国王，亚历山大帝国皇帝，世界古代史上著名的军事家和政治家，是欧洲历史上最伟大的四大军事统帅之首（亚历山大大帝，汉尼拔，恺撒大帝，拿破仑）。曾师从古希腊著名学者亚里士多德。

② 阿基里斯：荷马史诗《伊利亚特》里的英雄人物。据普鲁塔克的记述，亚历山大曾在阿基里斯墓前哭泣，因妒忌其青史留名。

第一章 | 如何成为内心强大的自己

你不了解自己,你就不能掌控自己。镜子可以用来照脸,而自我反思却是可以用来观照自己的心灵是否明智的唯一明镜。当你不再关注自己的外在形象时,你才会试着去修正和改善内在形象。想要明智地处理事情,就要精确地估计你的做事能力,判断你将会迎接怎样的挑战。保持头脑清醒,稳固根基,以便应对一切事情。(箴言89)

◻ 准确的辨别力

准确的辨别力。好的辨别力是理性的要素,谨慎的基石。有了它,你只需少许的付出就能轻松地获得成功。它是上天对人类最好的恩赐,应该把它当作人生中最出色的素质来训练和求取。出色的辨别力就好比能保护我们肉体的铠甲,没有它,说明我们是有缺陷的;没有它,我们会失去很多——而其他素质,只不过是多一点少一点的问题。因为我们生命中的一切行动都要靠辨别力的指导和认可,因为做任何事都依赖于智力。辨别力天生就倾向于一切最符合理性、最得体的事情。(箴言96)

◻ 天降大福也要有大气度消受

天降大福也要有大气度消受。身躯高大的人往往胃口很大,雄才大略的人,其心胸也必定很大。对于能消受更大运气的人而言,大的运气不会让其感到难受。同样的东西,有些人吃完觉得过饱，有的人吃完却还感到饿。有的人因为消化不良而浪费精美的食物，主要是因为他们的胃容量不够大。对于高位显爵，有些人天生就不适应，即使后天训练也学不会。与别人相处的时间久了，他们的人际关系却越来越坏，虚假的荣誉蒙蔽了他们的头脑，最终失去了荣誉。他们高高在上，却头晕目眩，有了好运却往往意乱神迷，因为他们狭小的胸襟根本就没有容纳好运气的地方。所以，伟大的人应该显示出对大运气来者不拒的雅量，并能小心地避免一切有可能使他显得胸襟狭隘的东西。（箴言102）

培养高尚的品格

培养高尚的品格。品格高尚是英雄必备的素质之一，因为伟大的情怀往往由它所激起。高尚的品格能使人趣味增加，心胸开阔，视野高远，以堂堂之风从其所欲。无论高尚的品格在何处出现，它总能吸人眼球。就算幸运之神因此横生嫉妒而试图将它抹杀，它都能脱颖而出，扶摇直上。当环境变得严酷时，高尚的品格能助你控制自己的意志。豪爽、慷慨以及其他所有的杰出品质，莫不源出于此。（箴言128）

收藏好受伤的手指

收藏好受伤的手指。这样做既能保护好它，也避免了抱怨

第一章 | 如何成为内心强大的自己

或诉苦的嫌疑。恶意中伤你的人，总是善于对准我们的痛处或弱点下手。如果你因此心灰意冷、神情沮丧，也只会引得别人拿你取笑罢了。怀有险恶用心的人总是想方设法惹你生气，他迂回曲行，寻找你的伤痛，并千方百计来刺痛你的伤口。所以，有智慧的人会对不怀好意的暗示置之不理，并且深藏起个人的不幸或家族的困难。有时候，即使是命运女神，也喜欢在你疼痛之时凑热闹，并喜欢往你受伤最深的地方捅。因此，那些让你引以为耻的，或者是那些激励你、鼓励你的东西，你都要深藏不露，如果你不希望前者延续不断，后者消失殆尽的话。（箴言145）

一定要自立

一定要自立。在困境中，拥有一颗勇敢的心是最重要的优势。如果心开始脆弱，最好用靠近它的器官来加强。意志坚定才能承受忧患，不要向厄运低头，否则厄运之神会更加嚣张。遭遇危难时，有的人几乎不能自助，而且又不知如何忍受困难，使得痛苦放大；而自立的人则能深思熟虑克服自身的弱点，自立的人能够征服一切，甚至能征服命运。（箴言167）

遵从你的内心

遵从你的内心。听从你内心的召唤，特别是当它坚强而有力时更应如此。不要与内心背道而驰，因为它往往能预言先机,内心往往是一个人的先知。许多人因为怀疑自己而被恐惧之事毁灭。疑虑自己的内心,而不去想办法补救,又有什么用呢?有的人事事有成,就是因为他们遵从了自己的内心,内心总能给予他们提示,及时发出警告,使他们避免遭受失败。处世之道不是等到祸患临头才仓促应战,而是要在灾祸未出现之前,就将它扼杀。(箴言178)

了解与你同时代的伟人

了解与你同时代的伟人。伟人总是少数,全世界也只有一只凤凰。每个世纪只会产生一位杰出的将领、一位完美的演说家和一位哲人,而数百年才能出现一位伟大的领袖。相反,平庸之人却比比皆是,他们无足轻重。人类社会的各个领域,杰出者屈指可数,因为杰出即意味着尽善尽美——所处品级越高,则越难做到出类拔萃。很多人都想成就恺撒和亚历山大那样的丰功伟绩,于是纷纷给自己戴上"大帝"的头衔,这是徒劳无益的。如果没有伟大的功绩,一切都只是虚名罢了。塞涅卡[①]式的伟人并不多,青史留名的也只有阿佩里斯[②]一人罢了。(箴言203)

[①] 塞涅卡:古罗马政治家、哲学家、演说家、悲剧作家,晚期斯多葛主义学派的主要代表人物,著有《道德书简》一书。

[②] 阿佩里斯:公元前4世纪画家,曾是亚历山大的宫廷画师,其画作曾红极一时,可惜无一存世。

第一章 | 如何成为内心强大的自己

▫ 举轻若重，又要举重若轻

举轻若重，又要举重若轻。前者可以避免过分自信，后者可以避免自暴自弃。要避免做什么事，方法很简单：你只假装它已经完成了。另外，勤奋且勇于坚持，往往可以克服不可想象的困难。在危急关头，不必过多思考，但须立即行动，以免因困难错过时机。（箴言204）

▫ 学会漠视

学会漠视。得到你想要的东西，最好的方法就是对它们不屑一顾。世间之物往往如此：你苦苦寻觅时毫无踪影，而当你放弃追逐时，它们却奔涌而来。世间万物都是永恒之物的影子，它们行动亦如你自己的身影：你追赶它们，它们就逃走；你逃离它们，它们却随你而走。因此，要得到某物，不妨先学会漠视。漠视还是一种精明的报复，正如一句智慧的箴言所说：永远不要用笔来为自己辩护，提笔辩护必然留下痕迹，这与其说是惩罚你的敌人，还不如说是给了敌人扬名的机会。卑鄙小人常会采用这个狡诈的办法对抗伟人，这样他们就能间接地得到他们原本根本就不配得到的荣耀。但如果杰出人物对他们漠然置之的话，那些小人必将永远了无声息。没有比漠视更好的报复了：让那些小人埋葬在他们愚昧的灰烬中。狂妄之徒总想纵火烧掉他们时代的世界奇观而留名青史。还击流言飞语的最好方法就是置之不理——因为即使证明了自己的清白，仍然难免遭到好事之徒的怀疑，对对手而言，这又何尝不是一种满足呢？相反，如果回击这些流言飞语，必将留下痕迹，这个痕迹即使不会影响你的完美，但毕竟会使完美蒙上一层阴影。（箴言205）

▫ 要有自制力

要有自制力。对意外之事要有高度的警惕性。突发的激情常常会使人失去平衡，而这时也最容易栽跟头。人在盛怒或狂喜的瞬间，比在心平气和的状态下更容易产生不理智的想法。一秒钟的情绪失控也许就会使你终生悔恨。那些工于心计的人设下这些陷阱，就是为了摸清别人的底细并试探别人的自制力。那么我们该怎么办呢？就是要学会控制自己，特别是控制自己突发的冲动情绪。控制自己的冲动如同驾驭烈马一样：如果你在马背上表现得睿智的话，那么马也会听你的话。能够预见危险的人会摸索着寻找前行的道路。冲动之时说出的话，对说的人而言是言者无心，对听的人而言，可能就是听者有意了。（箴言207）

▫ 爱与恨，都不会永恒不变

爱与恨，都不会永恒不变。与相互信赖的朋友相处时，不

第一章 | 如何成为内心强大的自己

要掏心掏肺，要想到他们有一天可能会变成你的敌人，甚至是死敌。对此，我们就应早有防备。我们不能应因友谊而解除了武装，否则生死之战可能就在这里爆发。同样的道理，面对敌人时，你也不要忘记有一天他们可能会变成你的朋友。让你的宽容之门常开，就是最有保障的安全。复仇时的快感有时会变成折磨，伤害他人的快意有时也会变成痛苦。爱与恨都不会一成不变，最好的办法是时时警惕。（箴言217）

▣ 不要被别人视为伪君子

不要被别人视为伪君子。尽管这世界伪君子当道，也不要被人看成伪君子。别因心机深沉而闻名，要让人觉得那是谨慎而非狡诈。人人都喜欢别人真诚地对待自己，虽然并不是每个人都愿意以诚待人。别让真诚变成单纯，也别让机智变成精明；努力用聪明获得别人的尊敬，别因心机深沉而令人畏惧。坦诚待人受人爱戴，但有时也会被欺骗。太过精明很容易被认为是欺诈，因此最好把你的精明掩饰好。真诚曾经盛行于黄金时代①，而这个冷酷的时代充斥的却是敌意和怨恨。被别人看作识时务是一种荣誉，它能使你得到信任；但若被视为伪君子就该讨人嫌了。（箴言219）

---

① 黄金时代：意指古希腊神话里和平、幸福、繁荣的时代。

不要故意让自己变得古怪

不要故意让自己变得古怪。很多人都有明显的古怪行为,或是故作姿态,或是因为粗心。这些古怪行为与其说是与众不同,不如说是一种人格上的缺憾。可以肯定,这是缺点,而非长处。正如有些人是因长相丑陋而为人所知,古怪之人因其行为乖张而闻名,但要知道的是:古怪的行为只会毁掉你的名声,它们要么招来嘲笑,要么招来烦恼。(箴言223)

不要过于善良

不要过于善良。你应该将毒蛇的狡诈与鸽子的纯真融合一下。善良的人更容易被愚弄,从不说谎的人很容易相信他人,从来不骗人的人总是信任别人。所以,被人愚弄并不能证明愚蠢,反而说明你过于善良和纯真。有两种人常常能预见危险而保护好自己:一种是自己付出代价而能够吸取教训的,另一种则是通过观察别人犯错而学到许多经验的。狡猾之人常常设下美丽的圈套,要谨慎地预见困难并同样聪明地走出困境。不要过于善良,这等于给别人提供使坏的机会。你应该把蛇和鸽子的特点结合起来,这不是魔鬼,而是天才。(箴言243)

第一章 | 如何成为内心强大的自己

◘ 求知不妨多一点，生活不妨省一点

求知不妨多一点，生活不妨省一点。有些人喜欢反其道而行之，认为安逸的休闲胜于无休止的忙碌。事实上，除了时间外，没有任何东西是真正属于自己的。即使你失去了一切，你还拥有时间。生命是宝贵的，把生命浪费在机械而枯燥的事上，或浪费在玄虚的事上，都是十分愚蠢的。不要为工作或妒忌心所累，否则就是糟蹋生命，浪费精神，有的人试图将这个原理运用在求知上，但也请谨记，求知不妨多一点，生活不妨省一点。这才是大智慧。（箴言247）

◘ 懂得如何行善

懂得如何行善。施恩行善有方法：度要小，次数要多。施恩的多少，要视对方的回报能力而定——不能大到别人无法回报。给予太多无异于出售恩德。也不要耗尽别人的感激——受惠者一旦发现无法报答你的恩德，他们便不会再接近你。同样的道理，若想让人离开你，就让他们觉得亏欠你。若他们无法偿还，便会走得远远的，甚至宁愿与你为敌，也不愿成为你的债务人。正如同雕像不想见雕塑它的雕刻师一样，受恩之人也不愿见到施恩于他的人。因此，要懂得如何施恩的微妙之处：你给予对方的不必是贵重的，但一定要是对方迫切想要的，这才是最高明的方法。（箴言255）

◘ 懂得遗忘

懂得遗忘。人生在世,总有一些事让你记忆深刻,但懂得怎样忘记一些事则更重要。虽然有时候,最该忘掉的事往往记得最牢。记忆像狂奔的野马一样很难驾驭:有时我们想记住一些事,却总也记不住。记忆还十分愚蠢:而当我们想忘记一些痛苦的事情时,却偏偏忘不掉。它总是优先亲近痛苦的事,而对快乐的事却总是一笑而过。有时候,治疗疾病最好的方法,就是忘记疾病的存在,而我们却忘记了药方。但不管怎样,我们还是应该掌控好记忆,既要懂得怎样去记住,也要懂得怎样去忘记——针对让我们感到愉快或痛苦的事。只有那种天生的乐天派除外,他们天真地享受哪怕是一点点的快乐。(箴言262)

◘ 任何时候都不能大意

任何时候都不能大意。命运总喜欢恶作剧,稍不留神,它就会攻击你,让你遭遇厄运。无论是我们的智力、谨慎、勇气,或者是学识,都需要随时做好接受考验的准备。事实证明,自认为最有信心的时候,往往是最不可靠的时候。警惕心总是稍不留神就会失去踪影,结果人们总会猛拍大腿抱怨"真没想到"。所以,你的对手就喜欢采用这个办法来考验你是否准备充分。任何时候都不能马虎,否则他们会趁你毫无防备的时候下手。(箴言264)

第一章 | 如何成为内心强大的自己

▫ 过犹不及,善良亦如此

过犹不及,善良亦如此。如果你从来不懂得不生气,那做人恐怕就做过头了。在生活中从不表露任何感情的人,别人也不会觉得他是强者,因为没有任何感情并不是因为懒散,而是因为胆小。在合适的场合表达强烈的感受,一展个性,这会使你成为一个真正的人。要知道,就连小鸟都敢捉弄田间的稻草人。真正的人生总是苦乐参半的,因为纯粹的甜食是给孩子和傻瓜准备的。一个人若是因为太过善良而失去了自我,那才是最可悲的。(箴言266)

▫ 坚持让自己的品性变得完善

坚持让自己的品性变得完善。人们常说,人的性情七年一变,那么,请坚持在变化中完善你的性情,这样你的品位也会随之升华。大部分人都是在人生的第一个七年里开始懂事,变得具有理性。此后每一个七年,都会有新的改善。请把握好这个规律,并使它好好发展。要用新的优点来改变自己的行为、地位或职业,使之增光添彩。但很多人开始时并没有察觉,直到发觉变化是如此之大时,才如梦方醒。一个人二十岁时像孔雀,三十岁时像狮子,四十岁时像骆驼,五十岁时像蛇,六十岁时像狗,七十岁时像猴子,到了八十岁时,就什么都不像了。(箴言276)

◆ 智慧书 ◆

The Art of Worldly Wisdom

有三样东西能造就非凡的人

有三样东西能造就非凡的人,那就是超凡的智慧,深刻的判断力和令人愉快、得体的品位。想象力是一种伟大的天赋,要是能在此基础上善于推理并深刻理解则好上加好。固执会导致判断失误,智慧是头脑的产物,因此应该更加敏锐。人在二十岁时意志力最强,三十岁时智慧力最强,到四十岁时则判断力最强。有的人理解力敏捷,就像猫的眼睛一样能在黑暗里发光,处于最黑暗的时候却最善于推理判断。有的人则善于抓住要害,再纷乱的事务到了他们眼前也能变得条理清晰,秩序井然。至于良好的品位,它可以使一个人的生活充满乐趣。（箴言298）

千言万语化为一句话:做一个圣明的人

千言万语化为一句话:做一个圣明的人。这句话最重要。美德集众善于一身,是一切幸福的中心。美德使人谨慎、明辨、精明、通达、智慧、勇敢、诚实、愉快、真诚、光荣……总之,使人成为一个完美的英雄。有三件东西可以使人获得幸福,那就是:圣洁、智慧和健康。美德就像是尘世的太阳,而良心至少构成它的一半。它既是上帝的宠儿,也受到人们的青睐。没有什么东西比它更美,也没有什么东西比邪恶更令人厌恶。只有美德是为真实而存在的,其他一切都是虚假的。才华和伟大取决于美德而不是好运。只有美德是完满的,拥有美德就拥有一切。它使我们生时被人热爱,死后被人怀念。（箴言300）

第二章
驰骋职场的艺术

不要看起来比你的上司高明

不要看起来比你的上司高明。被别人比下去是一件令人恼怒的事,因此,如果你的上司被你比下去了,那么这不但是一件愚蠢的事,而且很可能会引起严重后果。自以为是的人总是惹人生厌,也很容易招致别人的妒忌和怨恨。因此,对普通的优点可以稍加掩饰,例如相貌姣好,不妨用其他缺点谦逊下。大多数人对于在运气、性格、气质等方面被比下去不会太在意,但是没有人喜欢在智力上被人超越,尤其是领导。因为智力是人格特征之王,冒犯了它就犯下了弥天大罪。领导总喜欢在一切重大事情上显示出比别人高明。君王喜欢有人辅佐,但从不会喜欢别人超过他。假如你想向某人提出忠告,那你应该表现出你只是在提醒他某种他本来就知道只是偶尔忘掉的东西,而不是某种要靠你说破才能明白的东西,这里的奥妙就如同天上的群星:繁星都有光芒,但都不能比太阳更亮。(箴言7)

广纳智士贤人

广纳智士贤人。成功者的周围往往有很多智者,所以做什么事都非常顺利;一旦成功者因为自己的无知而陷入僵局时,这些智者就会帮助他走出困境,甚至出手相助,一起作战。善

第二章 | 驰骋职场的艺术

于使用智者,是一种难得的德行。这比提格拉涅斯^①的野蛮趣味强很多:他总是想征服别的国家,让对方的国君成为他的奴仆,而最高级的驾驭别人的办法是,巧妙地使那些拥有天赋的人才臣服于我。人生苦短,知识是没有穷尽的;若认识不足,则人生难处就会增多。若不愿苦读而又想学有所成,就需要非凡的技巧,即让众人的才华最终为自己所用。要做到这一点,你就要到大庭广众中去,成为大家的代言人。你要尽可能多地成为智者和圣者的代言人,依靠别人的名声,使自己声名鹊起。比如可以想好一个题目,然后让你周围的人各显神通,把各自的真知灼见都说出来。如果你不能使知识成为你的奴仆,那么就使它成为你的朋友。(箴言15)

▢ 实力与实干

实力与实干。要想声名显赫,必须兼有实力和实干的精神。如果同时拥有这两者,一定会出类拔萃。有实干精神的平庸之辈比无实干精神的高明之辈更有成就。因为只有实干才能创造成绩。肯出大力者必得大名。有的人连最简单的事情也不去干。干与不干,往往与一个人的素质相关。如果所干之事很小,平庸一点也无妨,因为你可以为自己辩解,说自己大材小

---

① 提格拉涅斯:公元前1世纪亚美尼亚君主,曾征服帕提亚,对被其俘虏的君主十分傲慢且残暴,常驱使他们为奴仆。

用了。但如果有实力却安于在卑微的岗位上平庸，而不向更高的方向努力，这就没有道理可言。因此，造诣和才华虽是必备的，但必须有实干精神，才能最终成功。（箴言18）

学会利用他人的弱点

学会利用他人的弱点。想让他人动心，只靠决心是不行的，还得运用一些技巧。你必须知道如何洞察他人的内心。每个人都会依照各自的趣味，具有自己特别喜欢的东西。每个人都有自己崇拜的偶像。有的人重名声，有的人重利益，而大多数人则喜欢寻欢作乐。因此，要弄清楚究竟哪一类东西可以令哪一类人趋之若鹜，这就等于是拿到了打开别人欲望之门的钥匙。你要找的正是这种能驱动他人行为的"原动力"，它不一定总是某种高尚的或重要的东西，或者说，它通常是某种卑贱的东西。因为在这个世上桀骜不驯的人总是很多。因此，你要先弄清他们的性格特征，然后试探他们的弱点，最后用他们最喜欢的东西去诱惑他们，必会成功。

（箴言26）

既要勤奋也要学会用脑

既要勤奋也要学会用脑。勤奋的人，往往能较快地实现经过深思熟虑的计划。傻瓜们总是因为匆忙而导致失败，他们常常鲁莽行事,牵牛牵不住牛鼻子。聪明人常常因为举棋不定而导致失败,因为他们喜欢做事之前斟酌再三,谋划深远,但这也容易贻误战机,等到醒悟过来已无法做出正确的判断。因此,勤奋和敏捷才是幸运之母。今日事今日毕,绝不拖到第二天,这是极其重要的。有句话说得好:忙里须偷闲,缓中须带急。(箴言53)

▣ 勇于破旧立新

勇于破旧立新,这是凤凰涅槃的秘诀。优秀早晚会变得腐朽,再好的名声也有穷尽的时候。很多年以后,再大的敬意也会渐渐淡去,成就再显赫的人到了老年也会被平庸湮没。因此,勇气、才华、幸福和其他一切都应该时时不断更新。要敢于重现你的辉煌,如同朝阳,屡屡射出晨光。韬光养晦,目的在于使人们加倍怀念;重放光彩,为的是在新舞台再次获得人们的鼓掌欢呼。(箴言81)

▣ 明察不同工作的需求

明察不同工作的需求。每项工作都不一样,要充分理解不同工作的多样性,这需要你拥有广博的知识和敏锐的洞察力。一些工作需要有足够的勇气,另一些可能需要细致。只需要诚实正直就能做成的工作是最简单的,而那些需要计谋和机巧才能做成的事是最难的。因为前者只需要自然的才干,而后者却需要用上全部的专注和警觉,这些也许还不够。要管理好人很困难,更困难的是管理傻子和疯子。管理那些一无所有的人,也需要双倍的才智。要让人全身心投入一项时间、流程都固定的不断重复的工作是让人无法忍受的。好一点的工作是那些既重要又不单调,不致让我们厌烦,还能不断更新我们的品位的工作。最受尊敬的工作则是那些不用依赖别人或者独立性很强的工作。最差的工作,则是那些我们不但现在,就连将来都做得很辛苦,而且越干越苦的工作。(箴言104)

常与坚持原则的人交往

常与坚持原则的人交往。努力让自己喜欢有原则的人,坚持多跟他们打交道,并赢得他们的青睐。即使他们反对你,也会保证对你坦诚,因为他们处事光明磊落。所以,宁愿与高尚之人争高下,也不要与卑鄙之人论输赢。性情卑劣的人,做人毫无责任感,做事毫无底线,所以善良的人往往对他们束手无策,和他们建立真正的友谊也毫无可能性——他们没有道义感,而且完全不讲信用,虽然他们总是信誓旦旦。此外,不要和没有荣誉感的人产生任何关联——当荣誉约束不了他们,道德也必将被他们所唾弃。而荣誉,是人格的王座。(箴言116)

第二章 | 驰骋职场的艺术

◻ 绝不抱怨

绝不抱怨。抱怨不仅不会得到人们的同情和怜悯,还会使你名誉扫地。抱怨不仅会激起头脑发热的冲动和傲慢,还会刺激那些聆听抱怨的人效仿你所抱怨的对象。抱怨之言一旦流露出来,将使得别人对你的伤害与侮辱变得可以原谅。总是抱怨那些别人已经对你造成的伤害,会招致未来继续被伤害。抱怨的人想获得安慰和同情,而听众心里却是充满了快意,甚至是蔑视。面对伤害,最好的办法不是抱怨,而是衷心称赞别人给予你的恩情,这样往往能获得他们更多的恩惠。当你称颂那些给予你恩惠的人怎样使你受益,恰恰是在要求没有给予你帮助的人与之看齐,你也就能得到同样多的恩惠。有智慧的人,从来不会随意公开自己受到的侮辱或轻慢,而总是处处宣传自己得到的尊敬。长此以往,他便会事半功倍地拥有很多朋友,减少很多敌人。(箴言129)

◻ 既要埋头实干,也要抬头表现

既要埋头实干,也要抬头表现。普通人观察和判断事物,往往不关心它们"实际是什么",而是习惯性地理解它们"看起来是什么"。所以,要成就卓越,就不能仅仅埋头苦干,还要懂得在适当的时候表现自己的专长。看不见的事物,人们总是容易忽略它的存在。就算是睿智深彻的真理,如果没穿上合适而得体的外衣，也不会受到重视。谨慎者总是少数，而容易上当的人很多。欺诈盛行，根据表象而下判断。名副其实的往往很少，但不可否认的是，好的表象是内在完美的最好的通行证。（箴言130）

▢ 售货要有方法

售货要有方法。光有内在的品质是不够的，因为并非所有人都能慧眼识珠，主动追求内在价值的人就更少了。人人都有从众心理：别人去哪里，人们就都蜂拥而从。要想证明一件东西有价值，可以有很多方法：例如你可以赞扬它，以引起别人对它的兴趣；也可以用美名去夸奖它——只要不矫饰做作；还可以宣称货卖行家，这也能起到诱导作用，因为人人都觉得自己是行家里手，觉得自己懂得比别人多——即使他不是行家，那种想当行家的渴望，也会激起他的购买欲望。但千万不要说这件货物简单易得，平凡之至，那只会让它显得粗俗，进而贬值。人人都追求与众不同，独特的个性能同时打动趣味高雅之士和见识不凡之人。（箴言150）

▢ 斗争，但要有底线

斗争，但要有底线。明智之人也可能会被迫卷入斗争，但绝不会卷入肮脏的斗争。为人处世要保持自己的本性，不要被他人的意愿左右。在人生的战斗中，面对敌人时从容大度是值得称道的——战斗不仅是为赢得实力，而且还要赢得道义。卑鄙的征服不是胜利，因为只是让敌人被迫屈服，而不是来自内心的服从。有道义的一方在斗争中占有天然的优势。善良的人不会使用卑劣的武器，例如通过出卖朋友而获得胜利，这是可耻的，甚至当友谊最终以仇恨结束时，也不要利用别人对你有过的信任去谋取利益。君子在任何情况下都不会背信弃义，因为对君子来说，精神永远高贵，是不屑行此无赖之举的。人要问心无愧，即使慷慨磊落和诚信忠实的美德已绝迹于世，你也要自豪地宣称它们永存于你心中。（箴言165）

▣ 如果你穿着鞋，就别与光脚的人相争

如果你穿着鞋，就别与光脚的人相争。这种相争对你而言是不公平的——对方本身就一无所有，甚至连廉耻之心也没有，因此他可以赤膊上阵，毫无底线，也就再也没有什么可顾忌的，所以他能目空一切，孤注一掷。因此，千万不要与这样的人相争，更不要拿你的名声在这种人身上下赌注。好名声得之不易，如果因小事而毁于一旦，实在不值。一句恶意的诽谤，足以使多年辛勤换来的荣耀化为乌有。有智慧的人就深深地懂得其中的利害关系，他会谨慎地斗争，小心地迈出步伐，安排出充足的时间谨慎撤退，以保全名誉。否则，即使最后获

胜，也只能是杀敌一千自损八百的结果而已。（箴言170）

避免与人过于亲近

避免与人过于亲近。不要与别人过于亲近，也不要让他人过于亲近你。过于亲近会导致你失去声望进而失去优势。天上的星星从不与人类贴近，所以才能在夜空永葆光辉。礼仪的用途在于保持与神灵的距离，从而产生神圣的尊严，过于亲近则必然滋生轻慢。最常用的东西往往最不受珍惜，因为接触越多，缺点也就越明显——而缄默和距离反而能产生美。因此，不要与任何人过于亲近：过于亲近上司，容易招致危险；过于亲近下属，容易失去威严；更不可亲近乌合之众，他们傲慢而愚蠢，不但不会体察你的善意，而且会觉得你有求于他们。某种程度上，亲近等于粗俗。（箴言177）

掌握保留绝技的艺术

掌握保留绝技的艺术。大师在传授高超技艺之时，往往会最后留一手绝技。只有这样，才可能永远居于领先水平，因而保持住为人师的尊贵地位。传授别人技艺，或展示才华时，你必须讲究策略，不要把看家本领都和盘托出，这样才能使你长享盛名，使别人永远仰望你。在指导或帮助别人时，也要遵循这个原则：要点点滴滴地展示你的造诣，激发

第二章 | 驰骋职场的艺术

他们对你的崇拜心理。要懂得保留,含蓄、节制是生存和取胜的关键,在重要事情上尤其如此。(箴言212)

▫ 克服自己的缺点

克服自己的缺点。缺点总是和优点相伴相生。最大的优点必然衍生出一个最大的缺点,如果任其滋生,它将会像暴君一样统治着你。因此,对于缺点,一定不能放任自流。首先要做的就是,准确、客观地认识自己的缺点,要像那些无法忍受你的缺点而责备你的人那样,向它宣战。要成为自己的主人,就必须学会自省,只有克制住那个最大的缺点,其他缺点才会远离你。(箴言225)

▫ 未完成的作品不要示人

未完成的作品不要示人。凡事只有成功之后,才能分享给别人。因为万事万物在一开始的时候都不成形状,此时随便告诉别人,给人留下的永远是残缺的形象。即使日后成功了,也会妨碍人们欣赏,因为他们心里总觉得它是不完美的。当我们观看一个庞然大物时,我们无法观察它的细节,却满足了我们的审美感。一切事物也都如此:在未成形之时,或在即将成形之前,都只能认为它不曾形成过,就好比你参观完一道美食的烹调过程后,你会大失胃口。真正的大师都非常注意这个

细节，不会让别人看到他们作品的形成过程。他们向大自然学习：只有等胎儿在母体内成熟之后，才让他出生。（箴言231）

▫ 欲求日后的报答，先主动施恩

欲求日后的报答，先主动施恩。这是一个精明的举动。在别人的资历比你浅的时候，你主动帮忙，这种及时帮助别人的行为，会使你留下美名。而且，这样做还有另外两个好处：其一，别人没有提出请求，而你主动帮助的话，会使受助者感到沉重，这种沉重进而可以转化为感激之情；其二，本来日后你有求于他，也要准备同样的礼物给他和帮助他，现在却变成了事先施惠。这种微妙的人情转换策略，能收到事半功倍的效果。但是，这种策略适用于有教养的君子，因为对于无赖小人来说，这反而是一种制约而不是鼓励。（箴言236）

▫ 不要分享领导的秘密

不要分享领导的秘密。你也许觉得你们可以分桃而食，但实际上你只能吃到削下的皮罢了。许多人因为知道别人太多的秘密而不得善终。他们就像是用面包皮做成的汤匙一样，很快就会和汤一样被吃掉。倾听一位王子诉说他的秘密并不是什么好事，他并非信任你而是在释放自己。许多人打碎镜子，是因为镜子让他们看到了自己的丑陋。同样的道理，人们也绝不

第二章 | 驰骋职场的艺术

会容忍那些见过他们丑相的人。假如你看到了别人不光彩的一面,那么别人看你的目光便不再友善。没有人会因为你倾听了他的秘密而心存感激,尤其是那些有权势的人——分享他们的秘密,绝不是他们的恩惠,而是危险。朋友间互吐心事也是十分危险的,把自己的秘密讲给人听,自己就变成了奴隶,这是十分被动的。任何一个拥有权势的人都不会接受这种现状,所以他们会想尽一切办法结束和摧毁知道他们秘密的人,不惜一切代价。所以,秘密这东西,听不得,也讲不得。(箴言237)

▫ 知道自己的不足之处

知道自己的不足之处。任何人只要能完善自己的短板,都可能成为伟人。正是因为有不足之处,所以才无法完美。然而,如果我们能勇敢地面对不足,并有意识地加以改正,情况会好很多。有的人不够认真,这会影响他们施展才华;有的人不够温柔,他们便缺少了朋友;有的人没有决断;有的人则不够稳重……如果人们都能面对自己的这些缺陷的话,可以很容易地完善自己——并使之成为第二天性。(箴言238)

▫ 有福同享,有难同当

有福同享,有难同当。找人一起分担自己的不幸,这样才不会孤独。即使在最危险的情况下,也不必独自一人承受全部。如果你做不到与别人分享成功，那么就请准备独自承担失败的痛苦。所以，要找一个可以原谅你且愿意帮你分担困难的人。两人一起面对时，厄运和暴徒便不敢贸然来攻。记住，千万不要独自承担不幸，孤立无援的人往往容易陷入绝境。（箴言258）

▣ 人都是逼出来的，你的下属也应如此

人都是逼出来的，你的下属也应如此。许多人都是在遭遇困境之后突然成长起来了：就像在快要溺死的时候，就学会了游泳。很多人都是在这样危急的时刻发现了自己的价值和知识，否则这些才华可能将被埋没在怯懦中。困境有时并不是我们的敌人，它可以激发我们的潜力，去赢得更多的荣誉。当一个高尚的人发现他的名誉受到威胁时，他能付出比一千个人更多的努力去维护它。天主教君主伊莎贝拉女王①就深深地懂得这一道理，正如同她明了其他的人生道理一样——而大船长哥伦布②才得以闻名于世，其他许多人也是因此而流芳百世。这种巧妙的办法曾造就了许多伟人。（箴言265）

---

① 伊莎贝拉女王：西班牙女王，曾赞助哥伦布的航海事业，帮助其发现了新大陆——美洲。

② 哥伦布：意大利航海家，地圆说的笃信者，通过航海发现了美洲大陆。

第二章 | 驰骋职场的艺术

◘ 利用好人们对你的新鲜感

利用好人们对你的新鲜感。新人代表着新希望，新人通常也会受到重视。人们都喜欢新奇的东西，它能使人愉悦，并令人耳目一新。比起人们渐已习惯的出类拔萃者，一位初来乍到的平庸者可能会获得更多的好评，卓越之人的能力也会过时。但要记住，新奇所带来的荣耀不会持续长久。几天之后，人们将失去对你的尊重，所以，要利用好人们最初对你的尊重，在它消失之前，抓住你能抓住的一切。一旦新鲜感消失，人们的热情就会降温，激情就会冷却，对新鲜事物的欣赏也会变成对平常事物的冷漠。这也不必伤感，因为万物皆有其时，时机转瞬即逝。（箴言269）

◘ 如果你实力不够，就该脚踏实地，选择一个最有把握的目标

如果你实力不够，就该脚踏实地，选择一个最有把握的目标。你这么做之后，人们也许会觉得你不够聪明，但至少会认为你很踏实。如果你对事物足够了解，实力足够强大，那么你可以尽情地按照你的意愿去行动；但如果你一无所知，还要去冒险，那将会自取灭亡。看清现实，尊重客观规律，因为经过前人尝试和检验过的东西总会更加安全。对于知识储备不够的人来说，这是最佳的捷径。处理任何事情，坚持你认为最有把

握的，总比故弄玄虚要安全得多。（箴言271）

▫ 善于展示才干

善于展示才干。如果有机会一展自己的才华，千万要注意善加利用，因为没有人能每天都有成功的机会。有些人善于把自己身上微不足道的才干聚集起来，使它成为身上的发光点，等到他有机会展示更多才能时，便足以震撼所有人。当你既有卓越的才华又深谙展示之道时，你一定能获得成功。有的国家的人很擅长展示自己，其中西班牙人做得最好。万物之所以获得生命，是因为上帝先创造了光[①]。展示很重要，它能弥补事物的缺憾，让人获得成就感，而当所展示的事物或才干能满足现实需求时，结局就更完美了。上天既然赋予了我们才华，就是在鼓励我们积极地展现出来。但展示需要高超的技巧，也要分时间和场合，在不合适的场合展示才能必然会徒劳无功。展示之道要求我们绝不能矫揉造作，因为过分展示就等同于炫耀，就容易导致盲目自大，自大则很容易招致轻视。因此，展示时要怀抱谦虚的态度，过分展示自己的才华反而会自降身价。因此，不经意的展示，无声的表达反而是明智之举。高明的掩饰往往是赢得赞扬的最好途径，因为人们对不了解的东西抱有强烈的好奇心。不要一下子展露你全部的长处，要先让人

[①] 创造了光：意指《圣经·创世记》开篇描述的场景。

们对你了解一二,然后再慢慢地释放你的优点。赢得一次辉煌的成功之后,再推进下一次成功;获得热烈的掌声之后,再激发人们更大的掌声。(箴言277)

◻ 善于创新是一项伟大的天赋

善于创新是一项伟大的天赋。创新是只有绝顶的天才特有的天赋,若没有一丝疯狂,谁能做到这一点呢?善于创新的人,往往头脑灵活;会选择的人,往往明察善断。创造性也是一种少见的天赋,十分少见。因为多数人都精于选择那些已见之事,却很少有人善于发现未见之事——这才是最优秀的品质,能成为整个时代的领导者。新奇的事物会招人喜爱,如果成功则能赢得极高的荣誉。在做决定时,选择追求新兴的事物总是充满危险,因为新兴事物常常包含了太多似是而非的东西;然而从创新的角度说,勇于求新是值得称许的。当判断力与创新力兼具,便是最值得喝彩之事。(箴言283)

◻ 让你的素质超越你的职责要求

让你的素质超越你的职责要求。无论你的职位多高,你必须使你的综合素质比你的职位更高,而不是相反。而且,随着职位的不断升高,你的视野要随之越来越开阔,才能也要更卓越。气量狭小的人很容易陷入困境,并因职位不断下降,最终会不堪重任而声名扫地。能让伟大的古罗马皇帝奥古斯都①感到自豪无比的,不是因为他作为君王的高贵,而是因为他成为一个伟大的人。因此,我们要追求的是一种崇高的精神和脚踏实地的自信。(箴言292)

◻ 即使取得成功,也要低调行事

即使取得成功,也要低调行事。很多没有理由自豪的人往往最喜欢寻找自豪感。他们喜欢把自己做的一切夸大,仿佛有神力一样。他们一心想赢得别人的喝彩,结果往往惹来嘲笑。虚荣心总是令人生厌,但这种行为比虚荣心更加令人觉得可笑。有的人乞讨名声就像乞丐讨饭一样——恬不知耻,窃取名誉就像蚂蚁储食一样——四处攀爬。纵使你有天大的功劳,也要谦虚谨慎,尽量避免虚荣。功劳宁可拱手让人,也绝不沽名钓誉。踏实低调地做自己的事,不要在意他人的看法,更不要言辞夸张,徒惹人耻笑。与其表面看起来具有英雄气概,不如实实在在品行高贵。(箴言295)

---

① 奥古斯都:即盖乌斯·屋大维,古罗马帝国开国皇帝、元首政制创始者,恺撒大帝的甥孙及养子,执政后开疆拓土,广纳学者,大兴教化,从而奠定了长达两百年的"罗马式和平",获"奥古斯都"(意为神圣者、至尊者)尊号。

第三章
如何拥有完美的人际关系

与可以做你老师的人交朋友

与可以做你老师的人交朋友。交朋友要有助于增长知识,交流要有助于互相进步。要让朋友成为你的老师,让学问的好处和交流的乐趣融合在一起。要乐于与悟性高的人一起相处:你说的话要能得到别人的喝彩,你听到的话要让你增加见识。通常来说,我们是出于兴趣而接近别人,这种兴趣往往是高尚的。贤达的人时常拜访英雄豪杰的处所,因为这是发挥英雄气概的舞台,而不是沽名钓誉的宫殿。有的人以学问和见识闻名,他们以身作则,与人为善,誉满天下,他们和志同道合的人一起构成了一个智慧超群、风流倜傥的儒雅社团。(箴言11)

见微知著的方法

见微知著的方法。懂得推理,曾一度被视为是一种不可多得的技能,但其实只会推理还不够,我们还须有未卜先知的本领,对于我们容易受骗的事情来说更是如此。你只有学会见微知著才能成为聪明人。有的人很善于窥测他人内心,对别人的意图十分了然。对于最重要的事,谨慎的人尽管心里十分清楚,却总是说一半留一半。对你看起来有利的事,宁信其无;而对你看起来不利的事,宁信其有。(箴言25)

第三章 | 如何拥有完美的人际关系

▫ 善言善行，获取好感

善言善行，获取好感。获得大众普遍的赞美是一件了不起的事，但得到人们的爱戴却更了不起。要想成为受人爱戴的人，一方面要靠上天给予的运气，但更重要的是要靠后天的勤奋刻苦。前者是基础，后者必须建立在前者之上。人们常常认为，只要有了好运气，就容易获得美名，从而得到别人的好感和尊敬，但实际上单靠这些是不够的。要想得到人们的爱戴，就看你是否愿意行善：既要有善言，也要有善行。要想被人爱，得先学会爱别人。伟人吸引众人的一个办法就是亲切周到。行动在前，言语在后。你建功立业，自会有文人替你立传言说，赢得了文人雅士的好感，将使你的美名远扬，永恒不灭。（箴言40）

▫ 英雄惜英雄

英雄惜英雄。英雄人物的天赋之一，就是能与其他英雄人物惺惺相惜。这就叫作英雄惜英雄，这是人世间最神奇的事情之一，它很神秘而且于人有益。相近的心灵之间有着与生俱来的血缘关系，而心心相印的效果是如此神奇，与俗世中那些无知之人口中灵丹妙药的效果几乎相同。英雄之间这种共鸣的情感，首先能使他们之间相互敬重，进而相互倾心，最终能使他们很快赢得相互的善意。这种情感无须言语却胜于滔滔雄辩，无须用功就能成果斐然。无论是出于主动，还是基于被动，这种共鸣的情感都能给彼此带来等量的幸福感，这种共鸣越强烈，就越能创造奇迹。因此，了解这种天赋的情感，并加以充分地区别和利用，就很考验当事人的技巧。这种天赋带来的造化之功，绝非寻常人的寻常努力可以得来。（箴言44）

▫ 要与人为善

要与人为善。最野蛮的动物居住在人口最多的地方。那些缺乏自知之明者的恶习之一就是，使人难以接近，他们用头衔来改变他们的态度，总是动不动就对人恶语相向，却还想获得别人的善意，这是绝对行不通的。这种人就像是一只脾气乖张的怪物，随时准备撒野耍横、粗暴无礼。不幸的人走近他时，就像要与一头老虎搏斗一样，只能提心吊胆地用一根皮鞭护身。这种人为了谋求高位能随时卑躬屈膝，四处拍马屁；而一旦大权在握，便想叫所有人都感到不快，从而一雪旧耻。因为身居高位，他本应该成为大家都想亲近和高攀的人物，但由于他的刻薄无礼与虚荣，却使所有人都对他避而远之。对这种人最文明的惩罚方式就是不予理睬，视而不见。你如果真有智慧，就把你的智慧用来造福他人，而不是报复他人。（箴言74）

第三章 | 如何拥有完美的人际关系

▣ 不要经常开玩笑

不要经常开玩笑。谨慎总是体现在严肃的事情之中，谨慎总是比耍小聪明更容易获得人们的尊重。总是喜欢开玩笑的人很难胜任一件严肃的事情，且容易成为别人的笑柄。我们常把爱开玩笑的人等同于说谎的人，从不相信他们。因为我们总担心会被他们嘲笑，或者是被他们欺骗。人们也一直搞不清楚爱开玩笑的人说的话究竟什么时候是正经的，或者认为他根本没什么正经话可说。那种无休无止的幽默很快便会失去应有的趣味。很多人因风趣而出名，却因此失去了明断是非的名声。偶尔开玩笑当然是应该的，但更多的时候应当保持严肃认真的状态。（箴言76）

▣ 与人同行是成为理想的人的捷径

与人同行是成为理想的人的捷径。把合适的人聚集在你身边。与人交往能创造奇迹：人与人之间不同的习惯、兴趣，甚至判断力都会在相处中互相影响并传递着，而且是在我们毫无意识的前提下。急躁之人应该与犹疑不决的人结交，同样，其他类型的人也应按这样的道理与他人交往。这样，你将不用刻意追求就能做到不徐不疾，恰到好处。自我调节需要相当高的技巧。矛盾交替转化，宇宙也因此而美丽，并不断地运转。这种交替转化不但使人的性格趋于和谐，也造成了它在自然界中更大的一种和谐。坚持用这个原则选择朋友或雇用仆人。彼此性格迥异的两个人坚持用这个原则交往，能创造一种有效的中庸之道。（箴言108）

▣ 拥有朋友

拥有朋友。朋友是你的另一个生命。在朋友眼里，朋友之间都是善良而睿智的。当你和朋友在一起时，一切都会变得顺畅无比。别人是怎么希望你的，或者别人认为你有多大价值，你就会照着这种希望去实现多大的价值。只有赢得他们的心、他们的好感时，他们才会说你的好话。如何才能更好地打动他人？帮助他赢得朋友、赢得好感最好的方式，就是像对待朋友那样去对待他。我们一生中所拥有最多、最好的部分，都依赖于他人而存在。我们一生中不是在和朋友相处，就是在与敌人为伴，此外别无选择。因此，每天都赢得一个朋友，就算他不能成为你的知己，那至少也可以成为你的支持者。认真选择朋友，因为他们中有些人将是你终生都可以信赖和依赖的人。（箴言111）

▣ 要懂得未雨绸缪

要懂得未雨绸缪。在夏天时就开始储备过冬物资是明智之举，而且这时做准备也更容易一些。洪运当头时，你只要付出很小的代价就能获得他人的恩惠，而且遍地都是你的朋友。未雨绸缪总是对的：身处逆境时，一切都会变得困难而且要付出很大代价。拥有一些知心的朋友，拥有一些对你心存感激的人，有一天你会发现，有些平时看上去不重要的人其实很有价值。卑鄙小人没有朋友——当他走运时，不承认别人是朋友；等到他倒霉时，别人也不承认他是朋友。（箴言113）

▣ 不要轻易与人相争

不要轻易与人相争。任何争斗都会损害你的名誉。你的竞争对手会想尽一切办法挑出你的毛病，让你声名扫地的同时，也让他光芒万丈。没有人能在打仗时还完全信守公正的原则。当双方和平相处时，缺点和短处常常会被忽略；而当处于敌对状态时，彼此的不足之处很容易被揭露。许多人在与他人成为对手之前，一直都有着良好的声誉。但斗争一旦兴起，许多过去的丑闻便被再度挖出。这种斗争往往都是先从相互贬损开始，进而使尽一切卑劣手段。当相互对骂不奏效时，他们就会使出万般手段来报复，进而将陈年旧事和所有不光彩的过去统统抖出来。有智慧的人往往平和中正，从不轻易与人相争，而荣誉和尊严也都属于他们。（箴言114）

▣ 习惯朋友、家人和相识的人的缺点

习惯朋友、家人和相识的人的缺点，就好比你习惯一张丑陋

的面孔一样。如果他们有依赖你的地方，或者你也有依赖他们的时候，不妨相互迁就。有些很可恶的人，相处很难，但我们不得不与之相处。有智慧的人总能找到巧妙的相处之道与之相处，就像见惯了丑陋的面孔一样，这样就不必让自己觉得是在迫不得已的情况下做出改变。这些熟人的缺点，在开始的时候确实会让人反感，但渐渐地，就不再像先前那样讨厌了。有智慧的人，要么小心防范，要么尽量容忍——他们令人不快的地方。（箴言115）

宁与众人共醉，不要独自清醒

宁与众人共醉，不要独自清醒。政治家们常常这样说。如果别人都选择沉醉，我也会与之共醉；如果唯独自己保持清醒，必将被别人视为异类而不容。与人相处，有时需要随波逐流。人情练达即文章，有时候，难得糊涂不是真糊涂。我们每个人必须和他人共存于这个社会，而愚昧无知的永远是大多数。如果你选择遗世独立，你可能会如神仙般正直，但也可能会如野兽般苟且。所以，我必须再次提醒大家：宁与众人共醉，不要独自清醒。因为有的人特立独行，只不过是在追逐空幻之物罢了。（箴言133）

善于采纳不同的建议

善于采纳不同的建议。没有谁能完美到任何时候都不需

第三章 | 如何拥有完美的人际关系

要适时的忠告。拒绝听取别人意见的人是不可救药的蠢货。即使是卓尔不群的智者也需要留心善意的忠告,即使是至高无上的君王也要学习取人之长的本领。有些人就是因为长期保留着难以接近的陋习,才导致他们在临近失败之时无人扶助而跌倒。所以,即使是僵化顽固之人,也应让友谊之门常开,从而接受善意的帮助。事实上,人人都需要这样的朋友:他可以毫无顾忌地责备你,给你忠告;你也信任他,敬重他的忠诚与谨慎,因此赋予他这项权威。没有人会轻易给予别人尊重和信任,然而在内心的最深处,我们确实都需要一位能推心置腹的知己做"镜子",以便随时纠正自己的错误,我们必须珍视这面"镜子"。(箴言147)

▫ 适时推责给他人

适时推责给他人。找到能代替你去承担责任的人,就可避开恶意的中伤,这是作为领导者的一个明智之举。虽然有些人认为,让别人去承受失败的责难和流言的攻击,这既不道德也很软弱,但其实并不是这样。事实上,你的闪避正是出于高超的处世策略。天底下,不可能所有的事都尽如人意,你也不可能让所有人都满意。既然不满总是存在,还不如找一只替罪羊,即使是要以牺牲自尊为代价——就让那人成为众矢之的吧。(箴言149)

学会选择朋友

学会选择朋友。经过了周密的考察、经过了神圣的考验的朋友才是真朋友。另外，合格与否还体现在对其意志力和理解力的检验上——看其是否值得信赖。千万别小看这一点，这可能是人生成败的关键，可它却总是被人忽视。虽然多管闲事也能交到朋友，但大多数友谊都是靠机遇。人们常常根据你的朋友来判断你的为人，例如智者永远不会与愚者为伍。但是，乐于与某人为伍，也并不表示他就是知己。有时候，我们未必认可一个人的才华，但仍能高度评价他的幽默感。有的友谊尽管不那么纯洁，但能带来快乐；有些友谊很真挚，并且很有品质，能使彼此受益并孕育成功。一位朋友的真知灼见往往比一堆人的祝福要珍贵得多。所以，交朋友要精心挑选，而不是总靠机缘巧合。良师益友会帮你驱散忧愁，而愚蠢的朋友只会聚集忧患。此外，若想使友谊天长地久，就不要总指望靠它升官发财。（箴言156）

识人不准很麻烦

识人不准很麻烦。天底下最糟糕的事情莫过于此。买东西的时候，宁可被货物的价格所欺，也不要被质量所骗。跟与其他任何事物打交道相比，与人打交道更需要审慎明察。毕竟识货与识人是有区别的：善于识人，就要能洞察一个人的

气质，了解他的性情，这是一门伟大的艺术。钻研人性，就要像研读一本书一样读透。（箴言157）

◘ 善用朋友

善用朋友。这需要用上你所有的技巧和判断力。有的朋友适合近交，有的则需要远交。不善言谈的朋友，可能会发展成为很好的笔友。距离产生美，因为距离可以使人忽略一些在一起时无法容忍的缺陷。交友最重要的是讲究实用，而不是只图快乐。这世间任何美好的事物都必有三大特点：真诚、善良、专一，友谊也不例外。朋友是一切的一切，好朋友则屈指可数。好好维持与老朋友的友谊，比结交新朋友更重要。交朋友的第一法则是，只与那些能长久交往的人交往，如果今天的新朋友能变成多年以后的老朋友，也算是人生安慰。而最好的朋友就是那些历久弥新、能共同分享生活的人。没有朋友的人生，比荒原还荒凉。友谊能使人生的欢乐加倍，痛苦减半；同时，友谊也是应对厄运的不二良方，是可以滋润心田的佳酿美酒。（箴言158）

◘ 不要滥用别人欠你的人情

不要滥用别人欠你的人情。关键的朋友要留到关键的时候再用，不要把重要的人脉资源滥用在无关紧要的事情上——这等于是在浪费别人的情义。预备队就是为最后的决战准备的。倘若你随意挥霍，滥用无度，等到日后有重要事情需要求助时便手足无措了。在今天这个时代，没有什么比能有人保护你更重要了，也没有什么能比得到众人的关注更有价值。别人的眷顾能成全你，也能毁掉你；它能带给你智慧，也能让你愚钝。所以，成功人士在享受名利双收的好处时，也往往在承受命运之神安排的艰辛。大部分情况下，保护好人脉比做好事情更重要。（箴言170）

▣ 交往之时要够坦诚，勿矫情

交往之时要够坦诚，勿矫情。与人交往，不要像玻璃一样易碎，在朋友中更忌讳如此。有些人极其敏感，这恰恰显示出他们内心脆弱无比。他们满腹牢骚，也让别人满腔懊恼。不论是偶尔开个玩笑还是一本正经谈话，他们都十分敏感，他们的情感比眼睛还脆弱。有时，一件很微小的事在他们看来都是天大的冒犯，再大一点的事就更不用说了。与这样的人交往需要格外小心翼翼，要密切观察他们的神情，防止他们神经过敏。因为丝毫的怠慢都会引起他们的不悦，他们过于自我，容易激动，喜欢斤斤计较，为了一片树叶他们宁愿放弃整座森林。与他们不同的是，还有一种性如磐石之人，他们稳重而友爱，敦厚而值得信赖。（箴言173）

第三章 | 如何拥有完美的人际关系

▢ 不要拘泥于繁文缛节

不要拘泥于繁文缛节,即使是国王,这样做也会被人们认为是怪癖。拘泥于形式或细节,是令人厌恶的,然而依然有这样的国家,从上往下人人都将其奉为圭臬。繁文缛节就是愚人的新装,他们希望因此获得尊重,但这只能显示他们狭小的气量,因为任何小事似乎都会有损他们的尊严。希望得到尊重是理所当然的,但若因此让众人觉得不便,就太不明智了。当然,完全不拘泥于繁文缛节需要很大的天分才能做到。礼节不应过分夸大,也不应完全摒弃。要知道,一个人的伟大之处并不是在礼仪的细节上显示出来的。(箴言184)

▢ 谨防那些无事献殷勤的人

谨防那些无事献殷勤的人。不要被那些恭维话所迷惑,而要认清这是一种赤裸裸的欺骗。有些人仿佛会魔法,只要一个简简单单的动作,或几句甜言蜜语,就能让那些爱慕虚荣的傻瓜心花怒放。他们就好比开了一家"面子银行",专门出售虚荣,说几句甜言蜜语,便使对方深信不疑。承诺是为傻瓜们设下的陷阱——什么都敢承诺的人往往从不兑现自己的承诺。真正的谦恭是忠于职守,虚伪的谦恭就是欺诈:过分的殷勤并非尊敬而是趋炎附势。谄媚之人看中的是某人的权势和财富,而非他们本人;他们恭维的不是某人的人

品,而只想捞到好处。(箴言191)

▫ 要提防那些口口声声以你为重的人

要提防那些口口声声以你为重的人。谨慎是防备欺诈的最好办法。若对方心思缜密,你就要更加小心。有的人很善于掩饰:你若看不透他们的意图,就会被他们利用。因此,要提防那些口口声声以你的利益为重的人,因为在口口声声以你为重的背后,往往等待你的是一个坑。(箴言193)

▫ 获取人们的好感

获取人们的好感。有时候人的行为并不是出于他们的本意,而是因为迫不得已。坏事很容易让人相信,虽然有时看起来并不可信,这是因为人们习惯相信坏的事情。我们再好再出色,也有赖于他人的信赖。因此,我们应尽可能地获取他人的好感。一些人觉得自己足够讲道理就行,但这其实并不够,道理还需要勤恳的支持。乐于助人的好处就是,不用付出很多,却能得到很多——能用言语换取别人实际的支持。就像家里的一件毫不起眼的小器具,也一定会有被使用到的时候。人际关系也是这样,即使眼前用不到的人,日后也未必用不到。因此,要努力获取人们的好感。(箴言226)

第三章 | 如何拥有完美的人际关系

▫ 帮人帮到点子上

帮人帮到点子上。否则，别人不但不会感激，还会觉得你是在帮倒忙。有人想要帮助别人，结果却是惹人讨厌，这是因为他们不了解对方真正想要的。相同的做法，对一个人来说是奉承，对另一个人来说则是侮辱。你的目的是想帮别人的忙，人家却感觉受到了冒犯。很多时候，讨好别人需要花费很多心思：当你为了讨好别人，开始失去快乐的方向时，你就已经失去了别人的感激，并很可能招致别人的厌烦。如果你不了解他的需求，你就无法使其感到满意。所以，常常发生这样的情况：有些人自以为在奉承别人，却被人当成了侮辱，这实在是咎由自取。同样，别人认为自己是在赞美你时，你却感觉受到了闲言碎语的骚扰。（箴言233）

▫ 求人是个技术活

求人是个技术活。求人这件事情，对有的人来说难如登天，对另一些人来说却易如反掌。有些人生来不会拒绝人，求这样的人，你不必使用任何手段与心机。有些人却恰恰相反，他们经常将"不"字挂嘴边，求这些人时，需要一点技巧，而且要选择一个合适的时机，比如在他们心情愉快、精神惬意之时，只要是他们的精明没有看穿你的意图，就可以趁其不备提出请求，否则极易遭到拒绝。当一个人快乐的时候，也是很愿

· 053 ·

意帮助别人的时候，因为快乐总是由内往外蔓延开去，自然可以惠及别人。另外，如果你已经看到你之前的人遭到拒绝，就千万不要往前凑了，因为"不"字一旦出口，对方再多说几次也会毫无顾忌。别人悲伤之时，也不是求人的好时候。当然，想办法让别人欠你的人情，是求人的上上策，除非那人卑鄙下流，知恩不报。（箴言235）

于己于人，力求知恩图报

于己于人，力求知恩图报。有些人将自己的利益冠以别人的利益：他们明明是在接受恩惠，却搞得好像是在施予恩惠。这些人十分狡猾，明明是求人帮忙，却搞得好像是在给人面子，感觉帮助他们是一种荣幸。分明是自己获利，却使别人产生荣誉感；明明是别人替他干活，却好像是他在为别人办事。这些人往往精明异常，他们善于搅乱主客次序，让人迷惑不解，不知道谁是施惠者，谁是受惠者。他们用廉价的称赞来赚取最好的东西；他们习惯表达对某样东西的欢喜之情，让人觉得赠送这件东西是莫大的荣幸。他们利用别人的谦卑来获得对某物的所有权：原本是他们受惠，却感觉是别人接受他的恩惠。他们通过这种方法，把被动语态"受惠"偷换成主动语态"施恩"，他们虽然不懂语法，却显然更适合去搞政治。但是，如果你能当场看破这种骗人的行径，并阻止这种伎俩，让他们真正付出而你真正受益，那么你才是更聪明的人。（箴言244）

第三章 | 如何拥有完美的人际关系

◙ 绝不主动解释,尤其是在没被要求的情况下

绝不主动解释,尤其是在没被要求的情况下。即使有人提出了解释的要求,也不要过于急切地给出答案,这是愚蠢的,更别说在没被要求之前就给出答案了,这更是愚蠢之至。这就像明明健康却要让自己流血一样,主动解释就有事先为自己找借口的嫌疑,很容易引起别人的疑虑。有智慧的人在他人的怀疑面前岿然不动,他们知道任何的解释都只会自讨苦吃。只有用坚定的、有理的行动,才能消除别人的怀疑。(箴言246)

◙ 人活着,并不全为自己,也不全为他人

人活着,并不全为自己,也不全为他人。这两个做法都过于极端,最好都不要追求。如果你完全为了自己而活,就会想把一切都据为己有。这种人不知道什么是付出,哪怕是拔一毛而利天下,他们也不愿意干。他们也不准备赢得别人的好感,而只看中自己的财富,并由此产生一种虚妄的安全感。有时不妨为别人考虑一下,这样别人也会为你考虑。如果担任公职,就要保持公正,做一名好公仆。正如一位老妇人对哈德良①说过

---

① 哈德良:古罗马皇帝,古罗马五贤帝的第三帝。据传,曾有一位老妇人找哈德良申诉某事,哈德良表示自己很忙,没有时间处理。于是老妇人说:"那么你就别占着这个位置。"皇帝觉得老妇的话有道理,于是当场审结了此案。

的：要么承担起这个重担，要么让位不干。还有一种人，完全为别人活着——这也很愚蠢，走了另一个极端。他们甚至没有一个小时是属于自己的，完完全全把自己奉献给了别人，就好像是别人的奴隶一样。在理解这个问题上也是这样：对别人的事无所不知，而对自己却一无所知。如果你真的明智，就应该明白：别人找的其实并不是你，而是你身上能给他们带来的好处，或者通过你，能给他们带来的好处。（箴言252）

▫ 交友有风险，断交需谨慎

交友有风险，断交需谨慎。断交这件事不可率性而为，否则你的名誉将会受损。这个世界上，永远只有少数人能成为你的朋友，而大多数人却可能成为你致命的敌人。因为很少有人乐意顺手拉一把摔跤的人，却有许多人乐于顺便踩上一脚。在与屎壳郎决裂之后，朱庇特的鹰①即使是在他怀里筑巢都觉得不安全。说话太直率会激怒那些虚伪的人，他们会等待时机报复你。而被你冒犯过的朋友这时会成为你最棘手的敌人：他们会忘记自己的过失，却对你的过失耿耿于怀。这时，你周围的人就都成了事后诸葛亮：他们会随心所欲地乱加评论说，这段友谊一开始就不被看好，所以结局也不怎么样。当你觉得必须和某人断交时，

---

① 朱庇特的鹰：典出《伊索寓言》故事之《鹰与屎壳郎》。

第三章 | 如何拥有完美的人际关系

千万不要勃然大怒而突然断交,而是要做到好聚好散,合情合理,优雅地远离。(箴言257)

▫ 人生而孤独,你与别人无法完全彼此相属

人生而孤独,你与别人无法完全彼此相属。无论是亲情还是友谊,或者是最亲密的关系都是如此。因为你很难把心毫无保留地交给别人,即使是最亲密的关系也有隔阂。不管你和一个人关系有多亲密,都必须要遵守礼貌的原则,并保持一定的距离。我们与朋友之间,会隐瞒这样或那样的秘密;儿子与父亲之间,也无法做到一切事情都坦白明了。你会对某些人隐瞒一些事,却会将此事告诉另外一些人,反之也是如此。所以,你坦白了一切的同时也隐瞒了一切,只是面对的人不同而已。(箴言260)

▫ 了解你所交往的人的性格

了解你所交往的人的性格。只有这样,你才能明了他们的意图,才能知道对方的真正动机。掌握了事情的来龙去脉,你才能预判出事情发展的方向。先了解对方的性格,才能更好地与之交往。性格忧郁的人,更喜欢偏向悲观与不幸。凡事喜欢否定的人,则容易犯鸡蛋里挑骨头的毛病——眼里只看见最坏的一面,而忽略了别人好的一面,因此把可能存在的不利因素

视为必然。感情容易波动的人,往往不能客观地看待事物,因为他们的心灵容易被情绪左右,无法理性地思考。每个人发表的意见,往往根据自己的情感或脾气,而远离真理。所以,要学会观察人的表情,通过表情去洞察灵魂深处的东西。无故大笑的人可能是傻瓜,而不苟言笑的人很可能是伪君子。此外,还要警惕那些不断向你提问的人——他们不是在刻意打听,就是存心找碴儿。不要指望从面相不善的人身上得到什么好处,毕竟老天爷如此不照顾他,他也不会心存善意,但也请谨记:美貌常与愚蠢同行。(箴言273)

尽量适应平凡,但保持个性与尊严

尽量适应平凡,但保持个性与尊严。不要总是一本正经或装模作样,这是让你保持大度豪爽的基本原则。想受到更多人的欢迎,必须放弃一些太自我的东西。有时你可以随波逐流,但请保持尊严。在公共场合做了傻事的人,人们也不会认为他在平时有多聪明。很多时候,因为一个玩笑而失去的,将会比坚持数年严肃认真所赢得的要多得多。不要让自己成为不合群的人,因为这等于指责和嘲笑他人。不要一惊一乍,也不要过于敏感,就算是女人,如此一惊一乍,都会遭到嘲笑,男人如此则更不会令人喜爱。男人的最佳品质就是要像个男子汉。女人可以模仿男人,而且这还可能是个优点,但绝没听说男人模仿女人还是优点的。(箴言275)

第三章 | 如何拥有完美的人际关系

◇ 不要轻易回应驳斥的意见

不要轻易回应驳斥的意见。面对别人的驳斥，你首先要弄清楚对方是卖弄聪明还是仅仅是粗俗。因为这种行为并不总是出于固执，有时它还是一个阴谋，所以，千万要当心，不要被前者所缠，也不要被后者所欺。为了防止有人拿到窥探你内心的万能钥匙，你应谨慎地把钥匙留存在头脑里，并随时准备自卫。（箴言279）

◇ 准确区分敬爱与喜爱，如能同时获得则是莫大的幸运

准确区分敬爱与喜爱，如能同时获得则是莫大的幸运。一般而言，想要获得人们的尊敬，就最好不要被人们所喜爱。相比恨，爱令人受到更多的约束。喜爱与敬爱是两码事。所以，既不要让人对你产生敬畏，也不要让人对你过于喜爱。喜爱带来信心，太喜爱就会使两人的关系过于亲近，彼此便不再遵循互敬互爱的原则，便会给对方造成困扰。宁愿受人爱戴，最好是敬爱，也不要被喜爱，因为喜爱更容易庸俗化。（箴言290）

善于揣度他人心理

善于揣度他人心理。这需要有极强的判断力,要通过敏锐的观察和良好的判断力,透过对方表面的慎重与矜持,去探究他人真实的内心。了解一个人的品德与气质,比研究石头和草药的品质与特性要重要得多。这是为人处世中最重要的技能之一。辨别金属要听它的声音,辨别人要听他说的话。因为言为心声,言辞能反映一个人的品格是否正直,而行为则能透出更多。因此,要想洞察人心,需要十分小心谨慎、深入的观察和敏锐的判断能力。(箴言291)

使人常有饥饿感

使人常有饥饿感。要让人们的嘴唇上沾一些蜜浆。价值有时是通过欲望来衡量的,比如对于口渴的人来说,减轻他口渴的程度即可,而不要彻底解除口渴这种状态。美好的东西,正因为太少,才显得更加珍贵。第二次再用到的东西往往价格大跌。过于快乐是危险的,甚至会使那些永恒的东西受到嘲弄。使人愉悦也是有章可循的:那就是使其胃口大开,但永远不要让其吃饱。迫不及待的欲望比饱食之后的满足感作用更大。因为人们期待得越久,他们得到之后获得的快乐就越强。(箴言299)

第四章
修身之道,处世良方

性格和聪慧是发挥天赋的重要决定因素

性格和聪慧是发挥天赋的重要决定因素。凡是想让天赋充分发挥的人,必须将才华依托于性格和聪慧上。若只靠其中之一,则只能获得一半的成功。光靠聪慧成不了大事,还必须有一个与聪慧相匹配的性格才行。愚蠢的人之所以总是失败,是因为做事不顾自身的具体条件、出身、地位以及朋友关系等。（箴言2）

有识并有胆,才能成就伟业

有识并有胆,才能成就伟业。知识和勇气是不朽的,因此也可以使人不朽。你掌握了什么样的知识,就会成为什么样的人。如果你有足够的智慧,那么就可以无所不为。孤陋寡闻的人无异于将自己封闭在一个黑暗的世界里。智慧和胆量就好比是人的双手和双眼。因此,如果只有知识而没有胆量,智慧是结不出果子的。（箴言4）

培养人们对你的依赖心理

培养人们对你的依赖心理。神之所以成为神,不在于人们对其顶礼膜拜,而在于人们从心里敬奉它。真正聪明的人是让人们需要他,而不是让人们感激他。有礼貌的希求心理比世俗

第四章 | 修身之道，处世良方

的感谢更有价值，因为心有所求，所以能铭记于心，而那些感谢的话只能让人们很快忘却。与其让别人对你礼貌有加，不如让人对你产生依赖心理。喝够了水的人往往离井而去，橘子被榨干后往往变成了碎渣。别人一旦对你不再有依赖心理，也就不会再对你毕恭毕敬。因此，这给人的教训就是：要努力保持别人对你的依赖心理，不要完全满足对方的需求。这个方法可以让你不可替代，甚至连君王也会被你控制。但你运用这种方法时不可太过，不要只是引而不发从而导致误入歧途，也不要只为了一己私利而无视他人。（箴言5）

▫ 至善至美的境界

至善至美的境界。人并不是生来就是完美的，因此，要每天德业兼修，不断进取，直至尽善尽美，成就非凡。大凡完美的人，都有下面几个特征：趣味高雅，才智精纯，意志明确，判断准确。有的人永远做不到尽善尽美，总是有所缺憾；而有的人则需要很长的时间来修行才能看到效果。大凡尽善尽美之人总是言语清晰、明智，行为谨慎小心，君子都喜欢与这样的人交往。（箴言6）

▫ 避免自己与生俱来的缺陷

避免自己与生俱来的缺陷。河水水质的好坏总与河床的土质好坏相关。人不论生在什么地方，必定会秉承这个地方的优劣。有的人比他人多蒙受了故乡的恩惠，因为他们出生时正值好时候。任何国家，不论其多么高雅文明，都有某种与生俱来的缺陷。而正是这些缺陷使邻国获得了安全感，从而产生一种自慰心理。谁能够克服或者掩饰住这种与生俱来的民族性缺陷，谁就能成为赢家。只要做到了这一点，就能成为佼佼者，就能受人尊重。其他缺陷往往源于人们的出身、条件、职业和所处的时代，如果这一切缺陷都体现在某一个人身上而没有被察觉和纠正，那么这个人必定会成为世所不容的魔怪。（箴言9）

▫ 先要知道他人另有所图，然后再见机行事

先要知道他人另有所图，然后再见机行事。人生本是一场除邪斗恶的战争。奸诈的人总会玩弄种种心计，例如他们常常声东击西。他们会假装瞄准一个目标，然后假装攻击那个目标，其实心里却想趁别人不注意的时候给予致命一击。有时，他似乎不经意地流露自己的心思，实际是在骗取他人的注意和信赖，目的就是想找机会出奇制胜。明察秋毫的人对这种伎俩往往会静观其变，然后加以阻止，最后再谨慎地出击。根据它的表面反过来看，就能识破它的虚假之象。聪明的人常常会放过对方的第一意图，以便引出后面的第二、第三意图。奸诈者见自己阴谋败露，便开始更加精巧地伪

第四章 | 修身之道，处世良方

装，往往以吐露真言引人上钩。他们改变战术，假装憨厚老实，有时甚至十分坦诚，骨子里藏的却是狡诈。然而，明察的人能看穿这一切，能看见光明外表下的阴影，能看穿单纯表面背后包藏的祸心。蛇怪皮同①竭其心智与阿波罗神那坦诚的洞察之光相搏的情景就是这样的。（箴言13）

▫ 见多识广

见多识广。智者常常满腹经纶，学识广博，他们所谈论的不是市井闲语，往往是经世之学。他们一开口，便妙趣横生；他们一行动，便气势磅礴。为人言行要适得其时。忠告他人时，诙谐的方式比一本正经的教诲更有效。对有的人来说，闲聊中不经意间传达的智慧有时比那高雅的七艺②更有用处。（箴言22）

▫ 要学会遮掩瑕疵

要学会遮掩瑕疵。人都会有某种道德或性格上的污点或缺陷，尽管很容易克服，人们却总是任其发展。智者身上的缺陷，总会让目光敏锐的人感到遗憾，人们不免为此叹

---

① 蛇怪皮同：古希腊神话中，从丢卡利翁大洪水的污泥中孵出的蛇怪，大地女神盖亚之子，代表黑暗，后来被太阳神阿波罗用弓箭和火炬杀死在帕尔纳索斯山脚下。

② 七艺：文法学、修辞学、逻辑学、算术、几何、音乐和天文学。

息——就像一抹乌云遮住了太阳。在我们的名誉方面,也会有类似的瑕疵,别有用心者往往会以此为借口不断发难。遮掩瑕疵最好的办法就是把瑕疵当修饰,就像恺撒大帝曾用桂冠来掩盖他秃顶的缺陷一样。（箴言23）

博不如精

博不如精。完美靠的是质量而不是数量。最好的事物往往十分稀少而难求。人也是如此：伟人往往也是侏儒。有的人赞扬一些书,只是因为这些书厚重,好像它们之所以被写出来不是为了锻炼我们的智力而是为了锻炼我们的臂力。但只靠广博则难免会沦为平庸之辈,所谓通才总是试图在学业上门门精通,结果却是样样不精。学业专攻必结硕果；若钻研重要的事务,则必得美名。（箴言27）

万事要学会脱俗

万事要学会脱俗。品位当然更须脱俗,不愿媚俗的人可谓明智至极。细心谨慎的人从来不轻易为世俗的掌声所动。有的人爱慕虚荣,就如哗众取宠的变色龙①一样,乐于吞食大众的俗气,却不肯呼吸阿波罗的和煦清风。在见识上也要脱

---

①变色龙：爱慕虚荣的代表。古代欧洲人认为它靠吸气、饮风生存。

第四章 | 修身之道，处世良方

俗。对于庸众创造的奇迹更无须津津乐道：那不过是些随处可见的东西而已。庸众所崇拜的东西多半是些流行的愚蠢事物，对于高妙的真知，他们反倒视而不见。（箴言28）

◻ 让众人知道你善解人意

让众人知道你善解人意。如果你位高权重，那么这一条就显得更加重要。因为有了它，就容易获得众人的好感。做领袖有一个好处，就是比其他人都更容易行善。要结交朋友，就要与人为善。但是，有的人总是很暴虐，倒不是因为与人亲善是件麻烦事，而是因为这种人脾气乖张、性格执拗。在一切事情上，他们都要和人神共守的仁圣准则背道而驰。（箴言32）

◻ 要对自己的时运了然于心

要对自己的时运了然于心。把握自己的时运比弄清自己的脾气秉性更加重要。人到四十岁时还要向医圣希波克拉底[①]索要健康，真是愚不可及；如果这时才知道向塞涅卡要智慧，就更愚蠢了。懂得如何驾驭时运需要有高超的技巧，尽管你永远无法明白时运的反复无常，但你毕竟可以耐心等待时来运转。

---

① 希波克拉底：古希腊著名医师，西方医学的奠基者，被尊为"医学之父"。著名的"希波克拉底誓言"即出自他。

如果幸运女神对你青睐有加，你就得大胆前进，因为她通常喜欢勇敢的人。她作为一个女性，也喜爱年轻人。如果你运气不佳，那就暂缓行动，退而自省，以免一失再失。如果你已经控制住了她，那你就算打了一个大胜仗。（箴言36）

了解事物的成熟时机，然后加以利用

了解事物的成熟时机，然后加以利用。万事万物都有自己的成熟时机，在成熟之前不断完善，成熟之后又逐渐衰落。对于人工之物，它们很少有能够达到完美的巅峰而不需要改进的。品位高雅的人懂得如何抓住事物成熟的时机，去充分享受它。并不是每个人都能辨别这个时机，即使能够辨别，也并非人人都能知道如何利用它。智慧的果实也有成熟的时候，要善于观察，抓住时机，以便珍惜和利用它。（箴言39）

不要失去自尊心，也不要对自己过于随便

不要失去自尊心，也不要对自己过于随便。要用你自身正直的品德来管束住自己，使你成为正直的人。你应该尽一切可能地严格要求自己，而不是依靠来自外部的各种纪律或规则。避免任何不体面的言行，这绝不是因为害怕别人的批评，而是因为强烈的自尊心。如果你能时时以强烈的自尊心

第四章 | 修身之道，处世良方

自律，那么就无须塞涅卡的所谓的虚拟监督者①了。（箴言50）

◇ 要善于等待

要善于等待。善于等待的人往往具有深厚的耐力和宽广的胸怀，做事从不慌张，也绝不受情绪左右。俗话说，想要管理好别人，得先管理好自己。在把握住最好的时机之前，不妨先静静地体会等候的乐趣。明智的犹豫不决更能成功地抓住机会，使成功之果更加芬芳。时光之神的拐杖比大力士赫拉克勒斯②的铁棒还要管用。上帝想要惩罚人类，不是不报复，而是时机不成熟。正如一句伟大的格言所说：给予我时间，我能够以一敌二。命运对于有耐心等待的人，总是会给予更高的奖赏。（箴言55）

◇ 不要过分显示自己

不要过分显示自己。好的东西因为经常被派上用场而容易被滥用，这是它的苦恼。当所有人都垂涎这个好东西，也就容易为其烦恼。百无一用固然不是一件好事，而对任何事都有用却更糟。百战百胜的将军只要失败一次，立即就会遭到别人的蔑视，

---

① 虚拟监督者：谓良心。典出塞涅卡的《道德书简》一书。
② 赫拉克勒斯：古希腊神话中的大力士，万神之神宙斯的儿子。

因为曾被寄予胜利的希望却以失败告终，这样极端的变化普遍存在于我们的生活之中。他们因独一无二的卓越才能而获得名声，却因此消磨掉所有的优秀品质，失去人们的敬重，最终沦为平庸。治愈这种极端的良药，就在于适当地展示自己的才华。如果可以，在你擅长的领域追求完美就好，展示才能时要适可而止。火烧得越旺，消耗则越多，而持续的时间就越短。因此，想要获得真正的尊敬，就要减少炫耀自己的机会。（箴言85）

博才多艺

博才多艺。一个拥有多方面优秀才艺的人，能抵得上许多人。他的生活时时刻刻充满乐趣，并把欢乐传递给身边的人。多方面优秀的才艺使生活充满快乐。懂得如何从一切美好的事物中感受美好，是一门伟大的艺术。既然大自然让人类成了整个自然界的主宰，那么，就让这种艺术培养人的品位，训练人的智慧，从而修炼出属于自己的一个小宇宙吧。（箴言93）

世上一半人在嘲笑另一半人，其实所有人都是傻瓜

世上一半人在嘲笑另一半人，其实所有人都是傻瓜。所有的事情都可能是坏事或者是好事，关键要看你用什么标准去看待它们。同样的东西，一个人在拼命追求而另一个人可

第四章 | 修身之道，处世良方

能很讨厌。如果坚持只用自己的标准去衡量所有的事情，无疑是非常愚蠢的。事情是否完美，并不取决于一个人是否满意。每个人的兴趣就像人的脸庞一样，多种多样。对你来说，坏的东西，总会有人珍爱如宝。不要因为一件东西不能获得别人的喜欢，你就认为它不好——总会有其他人欣赏它。我们也不必为别人的欣赏而自喜，因为这种欣赏会受到指责。只有获得那些知道如何判断事物等级的名人的认可，才可能是相对让人满意的标准。你应该保持自己独立的特征，一个人活着，不能只习惯一种意见、一种风潮，或是一个世纪的行为规范。（箴言101）

◘ 切勿炫耀你的好运

切勿炫耀你的好运。自傲往往招人生厌，如果你身居高位而扬扬自得，则会更加令人讨厌。不要动不动就摆出一副"伟人"的架子——这很令人厌恶，更不能因为有人羡慕你而变得不可一世。你越是梦寐以求地想得到别人的尊敬，你却越得不到它。这取决于你本身值不值得别人尊重，而非白白得到或靠巧取豪夺。重要的职位要求你具备足够的威仪，你得名副其实，否则你就无法履行职责。所以，你需要具备足够的威信，还得耐心等待才行。做任何事都要遵从顺其自然的法则——让别人自愿而非被迫尊重你。有的人显得特别具有苦干精神，却往往给人能力不强、难以胜任其工作的感觉。如果你想成功,要凭你的真才实学,而不是凭华而不实的外表。即使你是国王,你之所以受到尊敬,也应该是你本人当之无愧,有胜任国王的能力,而不是因为那些华丽、堂皇的排场及其他什么原因。（箴言106）

▢ 不要露出自鸣得意的神态

不要露出自鸣得意的神态。不要总是对自己不满意,因为这是胆小怕事的表现;也不要骄傲自满,因为这是愚蠢的表现。如果你总是有良好的自我感觉,实际上表明你是无知的。虽然这种无知能让你获得傻瓜般的幸福感,得一时之快,但实际上常常有损你的名声。有的人因为达不到别人的完美程度,所以总喜欢陶醉在自己的平庸里。告诫是有用的,既能确保事情顺利推进,也能在事情进展不顺时让我们感到一丝安慰。如果你对挫折早就怀有恐惧之心,那么当挫折来临时,你反倒有恃无恐。荷马[①]也有打盹的时候,亚历山大大帝则因从高位跌落而从自我欺骗中警醒过来。事情的发展总因环境而定,有时环境有利,有时环境有害。然而,对于一个无可救药的傻瓜来说,最空虚的自满也如鲜花一样美好,并可以继续播撒出许多满足的种子。（箴言107）

---

① 荷马:参见箴言第83则。

第四章 | 修身之道，处世良方

◘ 切勿谈论自己

切勿谈论自己。当你谈论自己时，要么不是因为虚荣而夸奖自己，就是因为自卑而自我责备。这都会使你失去对自己正确的判断，对听者而言，也会感到尴尬与不适。朋友之间，在意这一点很重要。而对于常在公共场合讲话的重量级人物而言，这一点尤其重要。因为公众人物只要稍微显露一点虚荣，都会被认为愚蠢而招来非议。当面议论别人也更非明智之举——你很容易陷入两个极端：被人以为是曲意奉承，或出言不逊。（箴言117）

◘ 不要装腔作势

不要装腔作势。越是才华横溢的人，越不会矫揉造作。装腔作势是一种常见的通病，它不仅累及无辜，也会使自己身败名裂。装腔作势的人也将长期忍受这种痛苦，因为长年累月维持这种脸面功夫，无异于作茧自缚。如果伟大的天才装腔作势，也会变得黯然失色，因为人们认为他们是在炫耀门第高贵，或是卖弄技巧，而不是天赋异禀。自然的东西永远都会比装腔作势更让人赏心悦目。在世人眼中，矫揉造作的人根本就是东施效颦的低劣模仿罢了。你越是技艺高超，越要随时隐藏自己的真实水平，这样才显出妙趣天成之美。同时，你也没有必要刻意逃避真诚情感的流露，装作不食人间烟火的样子。有智慧的人对自己的功劳通常都三缄其口，对自己的长处也视而不见，只有这样，别人才会对你另眼相看。除了自己之外，别人都不会对完美的人等闲视之——他恪守自己的原则而赢得众人的钦佩。（箴言123）

▫ 大胸襟与大气度

大胸襟与大气度。美丽的灵魂自有其美丽的装饰，一个人只有在精神上洒脱、奔放，才能拥有光彩照人、魅力四射的胸怀。这种大胸襟并非人人都有，因为大胸襟常常要有慷慨的气度与之匹配。对大胸襟之人的第一个要求就是，对敌人也毫不吝惜赞美之辞，而在行动上当然也更加宽大，尤其是在有机会为自己报一箭之仇的时候，这种大气度之光芒就更加璀璨了。明智之人非但不会回避这种情形，反而会大加利用，将人人都认为能痛快复仇之举，出人意料地转变为慷慨义举。这就是政治斗争中高超的智慧，驾驭之道的奥妙尽在此间。智者从不因此而炫耀这种成功，也从不装腔作势，因为智者都懂得不露痕迹处理这种凭本事得来的成功。（箴言131）

▫ 顺其自然的艺术

顺其自然的艺术。当你人生的海洋掀起风浪时——无论亲友、同事或者熟人——每个人的生活海洋中都会有惊涛骇

第四章 修身之道，处世良方

浪，而最明智的做法，就是静静地退入一个安静的港湾，等待暴风雨慢慢消退。很多人会在此时采取一些所谓的应变措施，这往往会使事情变得更糟。不论是天道还是人道，顺其自然才是王道。有智慧的医生懂得什么时候可以不开药方，有时候，不开药方可能更见功力。有时候，想要平息尘世间的风波，袖手旁观反而是最好的方法。当下暂时低下自己的头颅，是为了将来将其征服。我们很容易将河水弄得浑浊，但浑浊的河水却不能采用搅动的办法让其清澈，只能任其自清。平息混乱最好的办法就是顺其自然，这样反而更容易。

（箴言138）

▢ 淡定面对时好时坏的运气

淡定面对时好时坏的运气。倒霉的时候总会有，走运的日子也不少。倒霉时一切都变得不顺心。不管你从事什么行业，坏运气总会伴随左右。试验一下你的运气，不见转好就马上放弃。往往人的理解力也是如此：没有人能在任何时候都保持明智和理性。就连写一封思路清晰的信，都需要好运气。完美总是只出现在某一特定时刻，而美丽也不会长存。你也很难让自己总处于最好的状态，不是过于谨慎，就是过犹不及。任何事情想要达到完美，总是需要一个合适的契机。这就是为什么有的人事事不顺心，而有的人却无须努力就可事事如意，吉星高照。当你发现自己凡事都易如反掌、思维敏捷、神清气爽时，你就是幸运之神。要善于充分利用这样的时刻，一秒都不要浪费。有智慧的人，不会因为碰上一件不顺心的事，就认为这一天都无可取之处；也不会因为碰上一件顺心的事，就会认为这一天都事事顺利。因为这件事可能只是侥幸顺利，或者稍微不顺罢了。（箴言139）

不要只相信自己的判断

不要只相信自己的判断。如果你不能取悦其他人，只取悦自己又有何用？如果坚持自己的判断，收获的只能是惩罚和轻蔑。与其将有限的注意力留给自己，还不如将其分享给别人。自觉高贵、刚愎自用肯定不会有好结果。如果说自说自话是癫狂，那么，当着别人的面也只听自己的，则是又疯又傻。很多人有这样一个缺点，包括很多大人物都会这样：说话时习惯不断地重复说"就像我说的那样"，或者问"明白我的意思吗"，表面看是在期待别人的赞同或吹捧，其实在内心深处是对自己的判断产生疑问。虚荣心强的人也有这个毛病，喜欢在讲话时收获积极的回应，渴望得到喝彩。所以，他们每说一次话，就需要一群傻子来给他们加油助威嚷着"说得好"！（箴言141）

勿轻信他人，也勿轻易承诺

勿轻信他人，也勿轻易承诺。有成熟的判断力便不会轻信他人。谎言很常见,因此更不可轻信他人。轻信之人往往容易陷入困境而招人鄙视,甚至可能一蹶不振。当然,也不要公开质疑他人的诚实——你若认为某人可能在说谎,或指责他是说谎者,那可能不但会惹怒对方,而且可能使自己陷入不利。这样做还有更大的隐患:不信任别人的结果也会使别人怀疑你。说谎的人总是受着双重的煎熬:他既不敢相信他人,也不被他人所相信。所以,有智慧的人不会轻易做出判断,而是等待对方自己透露出最初始的信息。正如西塞罗①劝告我们的:即使是爱情也不可匆忙陷入。人们可以在言语上说谎,也可以在行动上作伪,而后一种危害可能更大。(箴言154)

▫ 要善于控制你的激情

要善于控制你的激情。不论何时,都要尽可能冷静地思考,用理智控制自己的情绪,这对于审慎的人来说,是轻而易举能做到的事情。当你意识到它之时,才是掌控激情的第一步。先控制住自己的情绪,不要使它任意发展下去。有了这种约束后,就能很快终止怒气。为人处世,一定要懂得制怒之法,并且在该止住它时将它止住。大家都知道,人在快速奔跑时最难停下来,所以人在狂怒时保持头脑清醒也很难。

---

① 西塞罗:古罗马著名政治家、雄辩家、哲学家。

情绪一旦激动，不论程度高低，都会影响理智。但如果我们内心深处，能有意识地做到提前对发怒的情绪进行控制，你就不会因怒气而失控，也不会损害你良好的判断力。因此，要谨慎地驾驭情绪。你会发现，你能很好地控制它，你就将是马背上的第一个智者①，也许还会是最后一个。（箴言155）

◻ 明了自己喜欢的缺陷

明了自己喜欢的缺陷。即使最完美的人也会有自己喜欢的缺陷。这些缺陷既堂而皇之，又遮遮掩掩，与人形影不离。才智方面的缺陷特别普遍和常见，而且越是才智非凡的人，往往缺陷越多，也最引人注目。并非他们本人没有察觉到这些缺陷，而是因为他们喜欢这些缺陷。有时候，人们对缺陷怀有一种非理智的情感，就像俊俏的脸上的黑斑——它们令人厌恶，但我们自己将它视作美人痣。消除这种缺陷是一件艰难的事情，而一旦消除成功便能将其他缺陷也一起消灭。人们善于寻找他人的缺点，何况这个缺陷还特别明显。没有人会钦佩你的才华，只会注意你的缺陷，并利用它使你原有的光芒黯然失色。（箴言161）

---

① 第一个智者：西班牙谚语称"马背上无智者"。

第四章 | 修身之道，处世良方

◘ 凡事留有余地

凡事留有余地。这样才能保持在别人心中的地位和重要性。任何时候，才不可露尽，力不可使尽。即使是知识，也应适当保留，有所隐藏。这样，你才能在危急之时有回旋的余地。在失败即将来临之时，要永远保有应变的能力。救助于危难时刻，比平时全力以赴更显得珍贵。深谋远虑的人总能稳妥地驾驭航向。从这个意义上说，使一半的力气比使全部的力气要聪明得多。（箴言170）

◘ 或生而知之，或学而知之

或生而知之，或学而知之。人生在世，就是一个从无知到有知的不断学习的过程：一是靠自学，二是向别人学习。但是很多人都没有意识到自己的无知，甚至还有人本来很无知却自以为很懂。智商是硬伤，无知者缺乏自知之明，所以从来看不到自己的缺陷。许多人如果不以聪明自居，本来是可以成为圣贤的。这直接导致明智的哲人少之又少，而且几乎全都闲散无事，因为没人向他们求教。主动向别人学习，完全无损你的伟大，也不会令你的才华失色。恰恰相反，这证明了你海纳百川的胸怀。如果你想持续进步，就要努力学习别人的长处。（箴言176）

▫ 不要轻易将自己或别人置于尴尬的境地

不要轻易将自己或别人置于尴尬的境地。有的人很轻率、易怒，常使自己和他人都感到尴尬，这其实是蠢人才干的事。不幸的是，在生活中这种人随处可见，而且不易相处。不管惹出多少麻烦，他们都不会满足，他们看任何人和事都觉得不顺眼，现实的一切都使他们感到别扭。他们有着常人难以企及的是非标准——颠倒黑白，对什么人和事都觉得不满。即使他们自己一无是处，也喜欢到处挑三拣四，这种人相当考验我们的谨慎和耐心。在无教养的荒原里，到处都充斥着这种怪物。（箴言221）

▫ 不要被第一印象蒙蔽

不要被第一印象蒙蔽。人们总是对第一印象先入为主，而对后来的印象不屑一顾。如果第一印象是错误的，那真相就很难被看到。因此，不要执着于第一印象，也不要让第一个想法占据你的头脑，这样会使你显得没有深度。人生就像一只新买的酒杯，如果你总是让最先入杯的酒占满了，而不考虑这酒是好是坏，你便会永远失去品尝好酒的机会。如果你的这种肤浅被别有用心的人知晓，灾难就会降临，因为这很容易被人利用进而恶意谋划，那些心怀叵测的人会把事实描绘成任意一种对他们有利的样子。因此，我们对任何事应

第四章 | 修身之道,处世良方

该考虑再三,而不要执着于第一印象。正如亚历山大始终留一只耳朵来倾听故事的另一面,甚至是第二或者第三个版本。如果你轻信第一印象,说明你缺乏深度,这就离成为冲动的奴隶不远了。(箴言227)

◇ 不要诽谤他人

不要诽谤他人。更不要落下长舌妇的名声,不要整天算计着怎样损人利己,尽管这样做很容易,但这只会遭到别人的唾弃。如果你被别人认为是长舌妇,那么所有的人都会想要报复你,说你的坏话,你孤立无援而对方人多势众,你就很容易被打败——他们也根本不会相信你。不要对别人幸灾乐祸,也不要多嘴多舌去诽谤他人,一个搬弄是非的人会被人们深恶痛绝。无论他地位有多高,人们只会把他当作一个笑料。同时,诽谤他人的人也同样会遭到别人加倍的诽谤。

(箴言228)

◇ 为人不要斤斤计较

为人不要斤斤计较。做人最重要的是明事理,识大体。太多的心机,便容易陷入细枝末节而无法掌握要领,当你的所知超出所需时,必将自毁长城,或者自相矛盾。最容易卷口或变钝的地方,一定是锋利的刀口。所以,保持平常心很重要，追求完美固然很好，但不要揪住细枝末节不放。俗话说，言多必失，言语多了容易引起争论。如果想要顺利完成一件事情，那就不要轻易离开正确的轨道——明事理，识大体，少争论。（箴言239）

◘ 大智若愚

大智若愚。有智慧的人常常如此，所谓大象无形，大音希声，最高的智慧往往表现得一无所知。你不是真傻，你只是在装傻。在愚人面前卖弄聪明，或者在聪明人面前装傻，都非明智之举，你应该做到随机应变。假装糊涂之人并非真糊涂，因糊涂而误事才是真糊涂。装糊涂需要高超的技巧，往往只有高明之人才能做到天衣无缝。想要收获别人的敬重，往往要善于掩藏你的精明，而示之以纯真。（箴言240）

◘ 不要执迷不悟

不要执迷不悟。犯了错误一定要改，而不要视而不见。本来做错了事，有些人却不悔改，还认为继续错下去才叫有韧性。有时候，他们也会在内心深处斥责自己，但在别人面前又为自己开脱。一开始做错事情的时候，人们会认为他们是粗心或无心；但继续错下去时，人们便会认为他们就是傻子。因为一时的轻率，做了不靠谱的承诺或者一时做错了

事,这不应该成为我们改正错误的束缚。但总有人对错误执迷不悟——那才是十足的傻瓜。(箴言261)

▫ 做一个正直和诚信之人

做一个正直和诚信之人。正直诚信的品行越来越少见了,知恩图报被人们无情地抛弃,没有人愿意信守承诺了。即使你帮了别人很大的忙,得到的只是很小的回报。有的甚至整个国家的人都如此:不愿意善待彼此——要么因为背信弃义,要么因为言而无信,要么因为诡计多端,所以,宁愿不去相信任何人。人们常常因为别人的不良行为,而让自己也跟着去做,这往往不是为了模仿而是为了保护自己。这直接导致了不良行为成为榜样而不是警示,这样泛滥之后,人们便会变得不再正直和坦诚。但高尚的人,绝不会因为别人怎样而忘记自己应做怎样的人,他们始终光明正大。(箴言280)

▫ 赢得智者的喜爱

赢得智者的喜爱。杰出人物给你一个平凡的认可,比一群乌合之众给你热烈的掌声更有价值。为什么要因为得到了没有见识的人的肯定而沾沾自喜呢?有智慧的人说话内涵深远,富有见地,他们的认可会给你带来经久不衰的赞扬。远见卓识的安提格诺斯①以推崇芝诺而扬名,柏拉图②也认为亚里士多德抵得上他整所学校里的全部学生。有些人只想填饱肚子,毫不介意吃的是肮脏的猪食。即使是独裁者,也需要作家为他们立传,他们也希望得到有能力的人的肯定,就如同丑女希望画家把自己画得漂亮一点。(箴言281)

◘ 顺应时势

顺应时势。我们的思想、言语、行为及其他一切都应遵照实际情况而变化。当你能做的时候就赶紧动手,机不可失,时不再来。生活不应该受到教条主义的约束,也不要给合理的欲望套上枷锁和牢笼。因为你今天不屑一顾的东西,明天或许会令你难以割舍。有些人十分可笑,他们不切实际地期望客观环境来迎合他们主观上的异想天开,并帮助他们成功,而不是改变自己去适应时势。明智的人都知道:谨慎的本质在于审时度势,调整自己去顺应时势。(箴言288)

---

① 安提格诺斯:马其顿国王,曾短暂统一过希腊,爱好诗歌与哲学,非常推崇斯多葛学派哲学的创始人芝诺。

② 柏拉图:古希腊著名哲学家,苏格拉底的学生,亚里士多德(人类历史上最伟大的思想家、教育家、科学家之一,亚历山大的老师)的老师。他们三人被视为整个西方哲学的奠基者。

第四章 | 修身之道，处世良方

▫ 做人要表现得成熟稳重

做人要表现得成熟稳重。成熟有时表现在人的外表，但更表现在人的习惯上。黄金的价值在于它的重量，人的价值则在于道德的分量。成熟稳重让有才华的人得以周全，就像言行得体才更能赢得他人的尊重。成熟的人在外表上表现为镇定自若。愚人则将这种神态看成是傻瓜的麻木与呆滞，他们不明白，这才是一种淡定的威严。这样的人说话睿智，做事也极易成功。一个人是否成熟稳重，与其人格的完善程度成正比。当一个人举止庄重，不再像一个孩子时，他便有了某种精神上的威严感。（箴言293）

▫ 站在对方的立场思考

站在对方立场思考。每个人都会根据自身的喜好而对事情产生不同的看法，并会举出许多例子加以证明。因此，大多数人的判断总是受情感驱使或者利益的驱动。常常发生这样的情况：两人讨论事情，各执己见，都认为自己有道理。但道理是不会骗人的，也绝不会有两张面孔。因此，与人争论时，要格外小心。有时不妨站在对方的立场思考，再谨慎地修正自己的观点，从别人的角度来考察自己的动机。只有这样，才不会导致盲目地谴责他人或为自己辩护。（箴言294）

拥有雄才大略的品质

拥有雄才大略的品质。雄才大略的品质往往能造就伟大的人。一个人哪怕只拥有一项伟大的禀赋,往往就能超越一大群庸俗无为之辈。庸俗之人常常以为,不管什么东西都是越大越好,甚至最普通的东西也是如此。而伟大的人则多着眼于追求伟大的精神。上帝的一切都是无穷且广大的,因此英雄也应如此。这样,他的一切行动及言辞才能显得壮丽非凡。(箴言296)

谨言慎行,就如同随时处于被监视中

谨言慎行,就如同随时处于被监视中。谨慎的人始终知道,不管他做什么,都会有人看到。他知道隔墙有耳,稍有差池,不好的事情就会传开。因此,即使是他一个人的时候,他也懂得自制,就如同受到了来自全世界的围观。他的任何行动,都像在大庭广众下一样,因为他知道,自己言行稍有错误,就会有一堆人冒出来与他对簿公堂。这种希望时时被监督的人,根本就不会因为被搜查而介意,因为他们都懂得"不做亏心事,不怕鬼敲门"的道理。(箴言297)

第五章
做事有诀窍，行动讲方法

不要让所做的事完全公开

不要让所做的事完全公开。出人意料的成功往往是最能使人信服的。过于明显的事情既无用处也无乐趣。不急于表明态度,这样才会让人充满期待;如果你的地位重要到能够引起人们的心理期待,那这种效果将更加突出。神秘之所以让人尊崇,就是因为它足够神秘。即使是真要说出真相,也没必要全盘托出。不要让人把你一眼看透。小心谨慎需要用缄默来维持。因为你要做的事一旦暴露了,就很难获得尊重了,相反可能会遭到批评,而且如果结局不太好,则会更容易遭到双倍的打击。因此,如果你想真的获得人们的景仰和尊重,那就学学默然不语的神灵吧。(箴言3)

现实与风度

现实与风度。即使有真才实学,也很难说这就是最好的——你必须留意与周围的环境相配合。如果风度不佳,可能会很尴尬,这时即使是正义和真理可能都会变味。但相反,如果你风度翩翩,往往可以掩饰很多瑕疵,即使在你回绝别人的时候,也会让人觉得情有可原。因此,好的风度能使真理变得甘甜,也能使容颜变得年轻。做事时举手投足非常重要,令人愉快的举止往往能令人倾倒。好的风度是人生的珍宝。言行得体,才能使人在任何逆境中都立于不败之地。(箴言14)

第五章 | 做事有诀窍，行动讲方法

◘ 不断改变自己的行为模式

不断改变自己的行为模式，这会迷惑他人，尤其是你的对手，这样能激起他们的好奇心，分散他们的注意力。如果你总是按你的第一个反应行事，那么时间久了，别人就会预知你的行为，从而让你遭遇失败。捕杀直线飞行的鸟儿很容易，而捕杀不断变换飞行路线的鸟儿则很难。当然，也不要总是用第二个念头行事，因为凡事重复两次，别人就会识破。不怀好意的人经常会算计你，你必须多几个心眼儿，才能最终棋高一着。棋艺高的人绝不会走正中敌人下怀的棋，更不会让敌人牵着鼻子走。（箴言17）

◘ 事情刚开始时不要让人有太高的期望

事情刚开始时不要让人有太高的期望。备受赞扬的事，往往很难达到人们的期望。因为现实总是难以和想象同步。想象某物的完美并不难，难的是实际上达到那种完美。想象和欲望总是结为伉俪，孕育出的东西和它真实的样子区别很大。不管这件东西多么美妙，它也总不能满足我们先入为主的想象，于是想象就好像受了欺骗。因此，美妙的东西常常引起的是失望，而不是崇拜。希望是骗子，需要明察去判断它，以便让实际的快乐超出我们的期望。一件事情体面地开始主要是为唤起人们的好奇心，而不是引起人们的期望。如

果实际超出我们的预期，或者比我们原来预想的要好，那么人们就会感到快乐。不过，这个道理并不适用于不好的事情，当一种恶被事先夸大，而当人们发现真实的情况没那么糟时，就会转而抱着欣喜的态度，于是原来以为的可能具有毁灭性的东西倒变得可以接受了。（箴言19）

遇事要仔细斟酌

遇事要仔细斟酌。对重要的事更要深思熟虑。蠢人之所以失败，就败在缺乏思考。他们对事情的思考总是有所欠缺，既看不出其利，也看不出其弊，所以总不肯全力以赴去做。有的人也会思考，只是会本末倒置，漠视该重视的大事，对不该重视的鸡毛蒜皮之事却十分热衷。还有很多人绝不会失去理智，因为他们根本就没有理智。有些事情我们要仔细考虑，并且铭记于心。聪明人事无巨细都加以思索，对特别深奥或可疑之事尤其仔细斟酌，往往能通过现象透视其本质。他们的思考比一般人的思考更要入木三分。（箴言35）

生而具有王者气质

生而具有王者气质。这是一种超绝的神秘力量，这种力量绝不是后天苦心学习的结果，而来自于生而为王者的天性。当大家面对这种人的时候，都会莫名其妙地臣服于他，臣服这种神秘的力量和他天生的威权。这种人具有一种与生俱来的高贵气质，配上出众的才德就是天命所归的人君，就像狮子那样天生就是百兽之王。他们令人敬畏，令人心悦诚服。如果他们还有其他的优秀品质，那么他们很容易成为国家的风云人物。他们往往只需用一个轻描淡写的手势，就能解决别人要用长篇大论才能解决的问题（箴言42）

◘ 善于观察，勇于决断

善于观察，勇于决断。凡是善于观察、勇于决断的人，都是善于驾驭事物而不为事物所驾驭的人。他们擅长洞察事物的本质，因而也擅长识人。不管什么类型的人，只要看一眼就能迅速了解其特征，甚至能探知其内心深处。他们拥有罕见的观察能力，无论你隐藏得多么隐秘，都能被他们轻而易举地识破。他们观察敏捷，思考精微，推理明晰。天底下没有什么东西是他们不能发现、留心、把握和理解的。（箴言49）

◘ 谋定而后动

谋定而后动。做事情要求好，不能只求快。如果只图成事的速度，则败事可能更快。但凡源远流长的事情，必定也是花费了久远的工夫才做成的。只有卓越的完美才能备受瞩目，只有真正的成功才能声名长存，只有深邃的智慧才能铸就永恒。越是具有伟大价值的东西，越需要花费巨大的成本。就像金属定律：最贵重的金属提炼时往往最费工夫，因而其分量也最重。（箴言57）

▣ 准确的判断

准确的判断。有的人生来聪慧，凭借这种先天的优势，他们早在别人之前就已经具备良好的判断力。这是一种天赋智慧——他们尚未起步，就已经走过了成功之路的一半。随着年龄的增长和经验的积累，他们的判断力达到完全成熟的阶段，他们可以审时度势，左右逢源。他们憎恶一切可能会对准确的判断力产生干扰的奇思怪想，尤其在国家大事上更是如此——国家大事总是十二分的重要。如果以航海来比喻治国，这种人就是能主持航海大计的人，不是亲手掌舵，而是舵手的老师。（箴言60）

▣ 欲善其事，先利其器

欲善其事，先利其器。有的人故意使用低劣的工具，由此博取人们的认同，觉得他们技高一筹。这其实是一种危险的自满，遭受失败是很正常的事。伟大的君王绝不会因宰相有才干而影响到他的伟大。一切成功的荣誉通常都归功于领袖，正如他们也同样要承担因其过失而造成的失败一样。成

第五章 ｜ 做事有诀窍，行动讲方法

功的领袖往往都是功成名就。人们永远不会说某个领袖"拥有优秀的或失败的臣子"，而是说某个领袖"高人一等或智不如人"。因此，你要十分用心地选拔、考察你的下属，因为你要依赖他们成就不朽名声。（箴言62）

◘ **做事要追求完美的结局**

做事要追求完美的结局。许多人行事时很注重过程是否循规蹈矩、合乎方寸，却不注重是否能达到最后目的。所以，不论他们多么勤奋努力，一旦失败必定以耻辱告终，因为失败的结局能抵消之前循规蹈矩时积攒的所有认可。人们从来不要求胜利者说出获胜的原因，大多数人只会以成败论英雄，而不重视具体过程和细节。只要你能如愿以偿地达到目标，就一定能获得名声。不论你采用的手段多么令人不满，结局完美才能一切都好。如果事情大功告成只能选择破坏规则的话，那么破坏规则可能恰恰就是最好的方法。（箴言66）

◘ **从事能使你获得赞扬的行业**

从事能使你获得赞扬的行业。大多数事情是好或者坏，取决于别人是否感到满意。卓越的人也需要别人的赞美和肯定，就如同娇美的鲜花也需要春风吹拂才能绽放；生命有赖于呼吸。有一些职业是每个人都想从事的，但也有一些职业虽然更为重要,却不易被大家关注。前者因为有目共睹所以人人喜欢,后者因为比较少见,且需要更深的造诣,始终默默无闻,虽可敬却少有人关注。最知名的君王是那些收获了战功的君王,所以阿拉贡①诸王能获得交口称赞,就因为他们是显赫的征服者和伟大的战争枭雄。一个伟大的人应该偏爱那些最显赫的职业,这个职业人人都了解,人人都向往。如果他能因此赢得大家的赞扬,他将永垂不朽。(箴言67)

做事的诀窍在于试探与摸索

做事的诀窍在于试探与摸索。有的人做事情总是仓促行之,他们看问题总是很单纯,不能够预见危险,也不担心名誉扫地——他们是有勇无谋的蠢人。谨慎的人总是小心翼翼,他们深思熟虑,小心试探前路是否有危险,然后再采取行动,尽量避免因鲁莽而陷入被动。有智慧的人深知,尽管有时候命运之神会网开一面,但鲁莽行动大多会招致失败。如果对事情还不足够明了,千万三思而行,不妨睁大眼睛,竖起双耳,心存谨慎,试探摸索向前,这样才能脚踏实地,避免危险。在当今社会中,与人交往,处处都有陷阱。因此,多察多思,才是最好的办法。(箴言78)

---

① 阿拉贡:西班牙历史上的一个古国,位于其境内东北部。

第五章 | 做事有诀窍，行动讲方法

▫ 不要执着于十全十美

不要执着于十全十美。一位智者①曾将所有的智慧概括为中庸之道。追求极端正确的同时必将走向错误。把橘子的汁液榨干，橘子就只剩下苦涩的味道。欣喜欢乐同样不能过于极端，乐极生悲就是这个意思。滥用才华必定会导致才思枯竭，如果像暴君那样涸泽而渔，得到的只会是血。（箴言82）

▫ 懂得如何利用敌人

懂得如何利用敌人。为人处世就好比操刀：抓着刀刃会伤手，但若抓刀柄，则刀可以用来护身。这个道理也适用于对付敌人。有智慧的人在敌人身上发现的对自己有利的地方，比愚人在朋友身上发现的还要更多。别人对你的恶意往往能激发出原本克服不了和不愿面对的重重困难。许多人之所以伟大，很大程度上是由他们的敌人促成的。比憎恨更为险恶的是奉承，因为奉承掩盖了你真实的缺陷。有智慧的人能把别人的恶意当成寻找自身缺陷的镜子，它比充满爱意的镜子更为真实，使人减少缺点或将其改正。每个人与恶毒的对手相处时，都会变得异常小心。（箴言84）

---

① 指古希腊七贤之一的克莱俄布卢。

▣ 三思而后行

三思而后行。如果一个人在做某件事时预感到会失败，旁观者会很清楚地看到这一点；当旁观者是敌人时，他则会看得更清楚。当你的判断在情绪开始冲动时就已经动摇，那么冷静下来之后，你会责备自己——愚蠢无比。当你在怀疑做某事是否明智之时，就去做这件事情，这是非常危险的，最安全的方法是先把事情放到一边去。千万不要把成功的机会押在可能性上，而是要用理智进行控制；如果某件事在酝酿时就遭到了判断力的质疑，它怎么可能会有一个好结局呢？即使是经过严格审查一致通过的决议也会出错，更何况是那些遭到理智怀疑和非议的事，对此我们又能期望什么呢？（箴言91）

▣ 切勿小题大做

切勿小题大做。有的人对任何事都不关心，有的人却什么事情都想关心。后者总是觉得自己关心的、谈论的都是所谓的大事，时时事事认真，事事争论，好像事事都神秘莫测。而事实上，对麻烦之事千万不要过于认真，也没有多少事真正值得你烦心。只有愚蠢之人才总是对区区小事庸人自扰。若能超然物外，顺其自然，许多看似重要的事都会变得无足轻重；如果过分小题大做，本来轻如鸿毛的事也会变得重如泰山。该当机立断时就必须快刀斩乱麻，否则夜长梦

多,后患无穷。治病的药物有时反而会导致疾病发生,而顺应自然则是人生的要则之一。(箴言121)

◘ 不断改善你的判断

不断改善你的判断。反复检验才能确保安稳、妥当,尤其在你没有把握的时候。不管是改善自己的境遇,抑或是准备妥协让步,都需要有缓冲的时间,这样才有机会尝试新方法,才能知道自己的判断、做法是否正确。如果有礼物需要赠送,那么聪明的馈赠能直接提高这件礼物的价值,而匆忙、笨拙的馈赠则会逊色很多。因为越是期盼之物,越能受到珍重。倘若需要拒绝某人某事,你不妨多多留意自己的态度,这样你在说"不"字的时候,会更加成熟,不至于让别人感觉到你的刻薄。热切期盼的愿望,随着时间的流逝也会慢慢降温,这时,拒绝就会变得更加顺理成章。倘若别人很早就提要求,那么,你就晚一些做承诺,这个办法对于控制别人的兴趣,简直屡试不爽。(箴言132)

◘ 牵牛要牵牛鼻子

牵牛要牵牛鼻子,这样才能准确抓住事情的关键。许多人只见树木不见森林,或者根本就搞错了方向。要么喋喋不休,唠叨不停,或者反反复复地推理分析,却没把握住事物的要点。他们来回地绕圈子，或者迷失在丛林中，却仍然搞不清对手，他们甚至反复地检查一些细节上百次，把自己和别人都搞得筋疲力尽，却一点都没沾到核心的边。思绪混乱的人大都如此，他们在那些并没有什么用的事务上浪费了时间与精力，而对那些真正重要的事务却没有工夫和精力来处理了。（箴言136）

凡事要看好的一面

凡事要看好的一面。有良好品位的人一生都会快乐。蜜蜂苦苦追寻酿蜜的花粉，蝰蛇则搜求造毒的苦物。由于品位不同，有人追求美好的精粹，有人追求丑恶的糟粕。世间万物，均各有其美好，特别是书，书的益处是要靠想象力发掘的。有些人非常挑剔，他们能在一千种美好的事物中找出一处缺憾来加以责难，并将其曲解扩大。他们是垃圾收集者，背负着沉重的瑕疵与缺失：他们指责强者与智者的缺憾却看不到其高明之处。他们是不幸的，因为他们只与苦涩打交道，只与缺憾做朋友。有些人的品位则会令人高兴：在一千种缺憾中他们也会发现幸运之神所垂青的一丝完美。（箴言140）

透过现象看本质

透过现象看本质。事物的表象往往与本质不同，而无知之人常常只看见事物的表层。当人们在深入事物的本质之后,才会幡然醒悟。世间的万事万物都是虚假捷足先登,愚痴者则紧随其后,因为虚假的表象可以迷惑住那些低俗平庸之辈,而真相往往和时间一道缓缓而来,直到最后才现身。伟大的自然母亲赐予每个人一双耳朵,就是在提醒那些小心谨慎之人留出一只来倾听真理。欺诈是肤浅的,因此浅薄之人才会对它趋之若鹜。辨别真相需要隐退在远处安静地观察,所以有智慧的人从不着急下结论。(箴言146)

◇ 高瞻远瞩

高瞻远瞩。什么叫想得长远?就是今天要为明天做打算,甚至要为以后许多天打算。有备无患是最高明的远见。如果能事先有所预见,就不会过于被动;凡事能提前准备,就不会陷入困境。要学会运用智慧来预测尚未降临的灾难,不要等到口渴了才想起要挖井。深思熟虑能帮我们战胜潜藏的困难。带着心事成眠必然辗转反侧,把事情全部解决才能安然入睡。有些人总是先行动,然后再去想:这其实是在为失败找借口,而不是为成功找方法;还有些人则事前事后都不思考。人的一生就是不断思索,以求不偏离正确轨道的过程,凡事有远见,有备无患,遇事深思熟虑,这才是行事长远的方法,才能最终达到目标。(箴言151)

◘ 学会试探

学会试探。要想知道一件事会被接受还是被拒绝,特别是当你对它是否能被认可持怀疑态度时,不妨放出试探的风声。这样既可以保证事情不会有太糟的结果,而且你还能获得一个选择的机会:根据人们的反应来判断是继续干下去还是及早撤退。通过试探别人的想法,谨慎的人可以判断出自己的处境,然后再考虑是咨询、提要求还是做决定。这是最具远见的法则之一。(箴言164)

◘ 分辨善言之人与善行之人

分辨善言之人与善行之人。具备这种分辨能力非常重要,就像区别别人是因为看重你本身,还是看重你的地位一样,这两者之间有天壤之别。有恶言,即使无恶行,已经足够恶劣了;但是如果说得很好却做得很糟则更加不堪。人不能只靠空言活着,更不能只靠礼仪度日,因为它们再好也不能填饱肚子,统统都是虚幻。镜子折射出来的光线能让飞鸟晕眩,但你靠这种光线却抓不住飞鸟。只有虚荣之人才满足于空言带来的快感。说话要有价值,就必须以实际行动来保证。只长树叶而不结果的树通常都空心无髓,因此,要分清哪种树结果实,而哪种树只能用来遮阴。(箴言166)

第五章 | 做事有诀窍，行动讲方法

◘ 不要做对手希望你做的事

不要做对手希望你做的事。愚蠢的人很容易被对手误导而不听从告诫，因为他不懂得其中的利害关系。有智慧的人也不听从告诫，是因为他要从多方面对事情进行探讨，并要隐藏自己的真实内心，以防他人加以陷害。同样的事情，人的判断各不相同，凡事要从多方面考察权衡，尽量不偏不倚。要多考虑"有可能"发生什么，而不是"很可能"发生什么。（箴言180）

◘ 展示你的勇气，是处世的明智之举

展示你的勇气，是处世的明智之举。你对别人的看法一定要有所节制：不要高估他人以至于让自己心生畏惧，不要让想象力替代了理智。许多人只是看似伟大，一旦相交，便让人倍感失望。没有谁能超越人性的局限：不是才智，就是性格，总是有许多缺点需要完善。地位或许可以赋予人表面的权威，但这种权威却很少能与自身的能力相匹配——位高权重却才能平平之人比比皆是，这往往也是上天的公平之举。很多时候，人们总是习惯首先通过想象力给事物披上绚丽的外衣——想象力不是依据事物的本质，而是依据人的期望来看待问题。只有警觉的理性可以避免这种习惯。面对现实，智者需要勇气，愚者需要谨慎。如果说勇气能为愚者助

威,那对智者而言,有勇有谋又是何等幸运。(箴言182)

◘ 利用别人的欲望

利用别人的欲望。人越是有欲望,就越能利用这种欲望控制别人,且胜算极高。哲学家们认为"匮乏"不算什么,政治家们则认为"匮乏"至关重要——虽然两者都有道理,但显然政治家们更有头脑。许多人在利用别人的欲望的阶梯上不断攀登,以达到他们的目的——政治家们很显然做得很好,他们利用匮乏状态,制造困境来刺激公众的欲望。因为他们知道,欲望带来的激情远比拥有带来的满足感要多得多。情势越是艰难,欲望越是强烈。最高明的方法则是:满足别人的欲望,同时使人们对你永远保持依赖感。(箴言189)

◘ 能愉悦众人的事,就大胆去做

能愉悦众人的事,就大胆去做。使众人感到不快的事,就找别人去做。前者能让你赢得好感,后者能让你避免被厌恶。高尚之人会认为施惠比受惠更让人愉快,常常与人为善却不愿受人恩惠。他们不愿别人受苦或接受别人的好处,是因为总难免心生同情或歉疚。对身居高位的人而言,常常只能通过赏或者罚进行管理。奖赏别人时,要亲自来做;处罚别人时,则由他人代劳。你应该找到一个替罪羊,使人们心

第五章 | 做事有诀窍，行动讲方法

怀不满时，能不断厌恶与泄恨它。乌合之众的怨恨犹如疯狗一般，他们不知痛从何处来，只知道乱咬鞭子，却不知道鞭子无罪，它只不过是那只替罪羊罢了。（箴言187）

▣ 要懂得如何欣赏他人

要懂得如何欣赏他人。人人都有优点：对别人无任何益处的人是没有的，完美到无人超越的人也是没有的。所以，要学会欣赏每个人，这样才会受益无穷。有智慧的人懂得尊重每一个人，因为他知道人各有其长，也明白成事不易，受很多因素影响。傻瓜们往往鄙视他人：一半出于无知，另一半因为心胸狭窄。（箴言195）

▣ 做事勿凭臆断，而应源于沟通

做事勿凭臆断，而应源于沟通。一意孤行有百害而无一利，感情用事也不会有好结果。臆断是因为内心固执，性格冲动，这很容易挑起事端。这种人往往不擅长交际，他们像土匪一样，做什么事都给人一种征服感，根本不懂得与人和平共处。若让这样的人治理国家会很危险：他们会在政府里拉帮结派，把那些像孩子般温顺的人也逼迫成敌人。他们喜好玩弄阴谋诡计，一旦成功便以足智多谋自居；而一旦别人认清他们刚愎自用的秉性，继而群体反对，破坏他们不切实际的计划时，他们便会恼羞成怒。他们终将一事无成。所有这些，将刺激他们失望的心情和顽固的思维，他们也因此而烦恼不断。对付这样的怪物，最好的办法是远离，即使是逃到地球的另一端与野蛮人为伍——至少，野蛮人的无知也强过无知者的野蛮。（箴言218）

读万卷书，行万里路

读万卷书，行万里路。人的一生不能只停留在思考上，还必须有所行动。许多聪明之人很容易被骗——因为虽然他们从书本上了解了许多不同寻常的知识，但他们却缺乏最普通的生活常识，尽管常识是必须掌握的。他们经常思考一些高深的问题，导致无法放下身段去接近俗事。他们甚至不懂得什么是生活中最基本的事情，于是被毫无见识的大众当作无知的人。因此，有智慧的人都懂得，除了思考，还要学会付诸实践，才能不被欺骗，不被嘲讽。要懂得怎样把身边的小事情做好——这并不一定是生活里最高超的事情，却是必不可少的。再高深的知识，倘若无法付诸实践，又有什么用呢？如今，真正的学问在于懂得怎样生活。（箴言232）

第五章 | 做事有诀窍，行动讲方法

▫ 做事要善始善终

做事要善始善终。许多人开始做一件事情的时候都是千方百计地想做好，但常常不能坚持到最后。他们有很多很好的想法，却不能持之以恒。所以会常常因为敷衍了事而永远无法赢得赞誉。对他们而言，所有的事情都会因这样或那样的挫折半途而废。西班牙人常以不耐烦出名，比利时人却以有耐心而著称。后者使事情完满，而前者常常草草收场。他们费尽力气去克服困难，但只满足于克服困难本身，却不懂得如何将自己的胜利坚持到底。他们喜欢证明自己有能力做，只是不愿意去做好罢了。这是不可取的，一方面说明他们反复无常，另一方面表明他们行事草率。凡是值得着手去做的事情，就应该把它做完。若不值得去做，为什么要开始呢？聪明的猎人不仅仅把猎物赶出藏身之所，重要的是最终抓获猎物。(箴言242)

▫ 有备才无患

有备才无患。要时刻做好准备对付那些粗鲁的人、顽固的人、虚荣的人及各种各样的蠢人。这些人随处可见，最谨慎的做法是远远地避开他们，这样才能不被攻击。最好的办法是每天都充分准备，把谨慎作为盔甲，避免让自己的名誉被低劣的人威胁。只有小心谨慎，才能避免受到算计和伤害。要知道世事险恶，人心隔肚皮，到处都布满暗礁险滩，你的名声常会因为一些小事而扫地。因此，不妨效仿一下聪明的尤利西斯[1]是怎么做的。有时候，当你遇到莫名之人，假装糊涂往往能收获奇效，如果同时你还能做到彬彬有礼，则更能巧妙地掩盖你的难得糊涂。这通常是摆脱麻烦的最佳途径。（箴言256）

随便喊价，但态度要恭敬

随便喊价，但态度要恭敬。卖东西时喊价可以随便喊，但一定要有恭敬的态度，这样才会让人心甘情愿地购买你的商品。花相同的价钱，让顾客买到一件商品的同时还感受到尊重，这种体验是完全不同的。礼貌不仅是品德，它还是人与人之间的纽带。恭谦有礼的言行会使我们感觉受到了重视。对于有品位的人来说尤其如此——他们愿意付出两倍的价钱去消费：其一是货物的价格，其二是你的尊重。但对于低俗之人而言，恭敬的态度是没用的，因为他们根本不懂。（箴言272）

---

[1] 尤利西斯：即古希腊神话中的奥德修斯，荷马史诗《奥德赛》的主人公，特洛伊之战中"木马计"的贡献者，智勇双全。古罗马神话中称尤利西斯。

为情绪所控时，不要贸然行动

为情绪所控时，不要贸然行动。千万不要在一时冲动的情况下有所行动，否则会把事情搞得一团糟。人在被情绪控制时，往往会举止失常，冲动总会使人丧失理智。此时，你应该向冷静而谨慎的局外之人咨询，因为"当局者迷，旁观者清"。一旦发现自己为情绪所困时，马上用理智加以控制吧，因为任情绪发展下去你会热血沸腾，并鲁莽行事。一瞬间不顾后果的情绪大爆发，会让你陷入很多天的后悔而不能自拔，甚至名誉扫地。（箴言287）

第六章

名和利啊，什么东西？

名声与运气

名声与运气。一个是经久不衰,一个则充满变数。前者总是姗姗来迟,后者则能使人成功。好运需提防别人的妒忌,而名声则需要防止它湮没无闻。你可以诚心乞求好的运气,有时也可以努力去促成它;但名声不同,所有的名声都要靠持之以恒的埋头苦干去达成。乞求名声的愿望来自力量和旺盛的精力。从古到今,名声总与伟人结缘,却也总是趋于极端:不是一世奸雄,便是天下豪杰;不是臭名昭著,便是有口皆碑。(箴言10)

不要做有损名声的事情

不要做有损名声的事情。更不要做那些只能带来恶名而不是名誉的事。社会上有多种多样的邪门歪道,对于明智的人来说,哪一种都不应该有。有的人品位很是奇怪,明智之人鄙弃的东西他也来者不拒。他们以任何一种奇闻怪事为乐,尽管这可能也使他们为人所知,却多半只是沦为他人笑柄,而不是赞誉。在追求智慧的时候,细心谨慎的人不会公然宣称自己有智慧,更不会去追求那些让自己看上去显得很滑稽的东西。这样的事例不胜枚举,迄今为止,许多司空见惯的讽谕事例已足以说明问题。(箴言30)

第六章 | 名和利啊,什么东西?

◘ 要学会趋利避害

要学会趋利避害。厄运通常都是由自己的愚蠢招致的。对于那些倒运的人来说,特别容易产生连锁反应。所以,即使对于小恶也不能放松,因为门外潜伏着更多的大恶。玩牌的诀窍是:你应该知道自己何时舍弃什么牌。坐在你面前的赢家手里最不起眼的牌也比你这输家手里最好的牌重要得多。举棋不定的时候,你最好去结交那些聪慧谨慎的人,这些人迟早会走好运的。(箴言31)

◘ 功成身退,见好就收

功成身退,见好就收。所有高明的赌徒将此计奉为圭臬。适时的撤退不啻巧妙的进攻。一旦获得足够的成功——即使尚有更多的成功——也要见好就收。接二连三的好运总是可疑的,好运和厄运交错而来则更安全一些,这样还能使人享受喜忧参半的乐趣。当好运来得太猛太快时,后面很可能隐藏着某种危险,且可能造成严重的后果。有时,幸运女神的青睐虽然来得强烈,却不能持续太久。因为如果她总是把某个人背在背上,她一定会感到疲倦的。(箴言38)

◘ 尽量避免危险之境

尽量避免危险之境。这是谨慎之人做事时遵守的关键原则。雄才大略之人总是避免陷入极端困境的可能。从一个极端到另一个极端，中间隔着很宽的道路，谨慎之人总是会选择走正中间。在采取行动之前，他们会经过长时间的周密思考——懂得如何事先躲避危险，这比临时抱佛脚去克服危险要容易得多。危险的环境容易干扰我们判断的准确性，面对危险最安全的办法不是如何克服，而是如何提前避免。很多情况下，一个危险会引发出另一个更大的危险，最终把我们带到灾难的边缘。许多人因自身性格缘故或生性莽撞，很容易陷入事端之中，结果往往还连累身边的人也陷于险境。但是，头脑清醒的人会审时度势，思虑再三，因为他们懂得这样的道理：真正的强者并非善于征服危险，而是善于躲避危险；他们明白匹夫之勇是愚蠢的，绝不会重蹈覆辙。（箴言47）

◘ 赢得并保持你的美名

赢得并保持你的美名。人人都喜欢美名，但是美名来之不易。卓越的能力与机遇方可成就美名，卓越是十分罕见的，但平庸遍地都是。因此，一旦获得美名，就要注意保持。美名的维持需要兑现许多承诺，承担更多责任。美名如果来自高贵的出身和崇高的行为，则天然具一种威严气象，令人崇拜。只有

货真价实的美名，才是真正能持久的美名。（箴言97）

□ 每个人都应保有自己的尊严

每个人都应保有自己的尊严。国王肯定不是每个人都能做的，但不论你出身什么阶层或者自身有什么条件，你的一言一行都应该向王者看齐。无论何时或者做什么，你都应有王者风范——崇高的行动，崇高的心灵。如果你成不了现实中的王者，那么你也要成为道德的王者。因为真正的王者风度在于你有正直的品质，你不会嫉妒其他伟人，因为你自己就是伟人中的楷模。那些王座周围的人尤其应该具有这种品质，他们应该像王者那样具有伟人的道德风范，而不是只有表面的排场。他们应该追求高尚而实在的东西，而不是追求浮华和虚妄。（箴言103）

□ 赢得谦卑有礼的美名

赢得谦卑有礼的美名。人类文明的精髓之一就是礼貌，富有魅力往往能赢得多数人的好感，而粗鲁的言行只能招来别人的嘲笑，令人生厌。如果你又粗鲁又傲慢，定会招来别人的憎恶；如果你还缺乏教养，更会引起别人的不屑。俗话说，礼多人不怪，怕的是礼不周全。其他事情也是如此，少了礼节就会导致不公。如果对敌人也能以礼相待，更是难能可贵。待人以礼无须付出太多却令人受益匪浅：尊敬别人就会受人尊敬。我们对别人施

以礼貌和尊敬，自己不会受任何损失。（箴言118）

要成为众望所归的人

要成为众望所归的人。世上很少有人能赢得大家的欢心。如果你能赢得智者的青睐，那真可谓是三生有幸。人世间的普遍规律是人走茶凉，但要想获得良好的口碑也并非难事，想使自己名垂青史的方法也很多。最稳妥的办法是：在工作中出类拔萃，或是才华出众。如果你有风度翩翩的举止，就更能起到意想不到的效果。你的美好名声将转化为他人对你的依赖，人们就会说是那个工作需要你，而不是你需要那个工作。有的人能给其工作带来荣耀，还有的人凭借工作让自己身价倍增。但如果你的继任者都是平庸之辈，而显出你工作出众，这并非你的荣耀。因为这并不能证明你就是众望所归之人，仅说明继任者不得人心。（箴言124）

不要去挑战巨人留下的光辉

不要去挑战巨人留下的光辉。如果非要这么做，要先确定自己有足够的才华可担此重任。如果只是为了和前人平分秋色，就需要至少比前人多一倍的才华。要让后来的人们欣赏你，需要费尽心思；而要想不被前人光彩湮没，则更需要高超的技巧。想要填补前人留下的空缺着实不易，因为人们

第六章 | 名和利啊，什么东西？

总是习惯厚古而非今——与前人不相上下也不行，因为前人已占尽风光。而若要把前人的光环驱散，则必须拥有超凡的天才才能做到。（箴言153）

◘ 如何战胜对手的妒忌与恶意

如何战胜对手的妒忌与恶意？一般而言，装作不在意，能有些许益处，而最好的办法是表现大度。别人说你的坏话，你却称赞他，没有比这更令人敬佩的了；用你的智慧去化解别人因你的才干而产生的对你的妒忌，没有比这更能令人起敬的了。你的每一次成功，对妒忌者而言都是一次折磨；你的每一次辉煌，对妒忌者而言都是沉重的打击；而世间最成功的惩罚就是用你的成功来打击妒忌你的人。心里充满妒忌的人不会只死亡一次——每当其竞争对手成功一次，他就会死一次。对手永远成功，对妒忌的人而言就是永远的惩罚；对手一直被歌颂，对妒忌之人而言则意味着痛苦的煎熬。名声的号角宣布了一方的永生，也同时宣布了妒忌者的死亡。妒忌之人渐渐老去，而这个过程就充满了漫长的煎熬。（箴言162）

◘ 不要孤注一掷

不要孤注一掷。如果此掷失败，则损失难以弥补。正如你的运气不会如日中天，也不可能总是吉星高照。遭遇失败是最正常的事情，因此要给自己预留再试的机会，以弥补之前的过失。反过来说，即使失败了，也会对下一次的成功有所帮助。任何事都会有改进的余地或者更好的解决办法，就看你是否给自己留下挽回的机会。事情的成功总是会受到种种情势的制约，一蹴而就的事毕竟是少数。（箴言185）

君子爱名，取之有道

君子爱名，取之有道。想得到尊重，要凭自己的德行，不要显得咄咄逼人。想要取得成功，不仅要有才德，还得刻苦努力。单靠正直不足以成就美名，在你努力争取的过程中有可能被人泼一身脏水，从而使你身败名裂。因此，你必须具备良好的品格，懂得如何表现自己，同时还要加倍小心。

（箴言199）

勿将自己的名誉托付于人，
除非他以名誉作为抵押

勿将自己的名誉托付于人，除非他以名誉作为抵押。这样之后，对你们彼此都有利的告诫是：言多必失，沉默是金。一旦事关名声，大家的利益就捆绑在一起了：为了自己的名声，会主动去保护别人的名声。最好不要向别人抵押你的名誉，如果一定要如此，则要将事情安排妥当，除了谨慎

第六章 | 名和利啊，什么东西？

小心，还要严加防范。两个人只有利益休戚相关，才能同舟共济。（箴言234）

▫ 别故意让自己变得瞩目和抢眼

别故意让自己变得瞩目和抢眼。故意让自己瞩目容易招致恶名，当别人发现你是故意要吸引人眼球时，你的才华反而会变成缺点，然后被冷落一旁，甚至你也被认为是古怪的人。这种故意会损害你的名誉。如果过分打扮，即使是你美得令人炫目，也常常会引起他人的不快，因为它吸引了人们太多的注意力，自然会招致不满。有些人希望通过哗众取宠来扬名，想方设法使自己获得不实之名。在探讨学术之时也要谨记，不要谈论过多，否则也有卖弄之嫌。（箴言277）

第七章
如何与这个世界交朋友

自然与人工：素材与加工

自然与人工：素材与加工。所有的美都需要修饰，即使再完美，如果没有能工巧匠加以雕琢也会变得粗陋。人的力量可以弥补短处，也能使长处更加美好。天工常常在我们最需要它时令我们失望，于是我们只好退而去求人工。如果没有人工的陶冶，再好的禀性也会变得粗俗。缺乏文化熏陶的完美只能是半成品。如果没有人工修饰，任何人都有显得粗野的一面。因此，尽善尽美需要人为的修饰。（箴言12）

关于生逢其时的人

关于生逢其时的人。真正能叱咤风云的人是与时代紧密相连的。这些人并非个个都能生逢其时，有的即使生逢其时也未必能因时而动。有的人本来应该生在更好的时代，因为善良美好并非总有好的结果。万事发生都有它的时机，优秀的人有时遇到时机也会把握不住。但人的智慧毕竟有一个优点，就是它是永恒的。即使现在不是它最好的时光，总会有一天，时机到了，它就会熠熠生辉。（箴言20）

第七章 | 如何与这个世界交朋友

▫ 成功之道

成功之道。好运是有规律的,对于智者来说,并非事事都靠机遇。运气要借助努力才能发挥作用。有的人满怀信心,在好运之门前徘徊,坐等好运来临;有的人则做得更好,审慎而大胆地迈入好运之门,他们凭借超人的勇气和过人的胆识与运气周旋,最终抓住机遇,获得成功。但真正的哲学家却只有一种行动:依靠美德和谨慎,因为好运与厄运常常取决于我们是谨慎小心还是鲁莽行事。(箴言21)

▫ 要刚正不阿

要刚正不阿。要坚定不移地和正义为伍,绝不要因为意气用事或害怕淫威而误入歧途。可哪里有这样刚正不阿的榜样式人物呢?毫不苟且的正直之人几乎屈指可数。大家都在赞扬这种品德,却很少有人能做得到。即使有人勇于实践,但一有危难便知难而退。危难当头,虚伪者将它抛弃,政客们将它改头换面。坚守正义,就得不怕丢掉友谊、权力甚至自己的利益,所以很多人宁愿不要这种品德。那些狡猾之人总是振振有词、巧舌如簧,大谈什么"要为大局着想""要为安全着想"等,而真正的诚实无欺者总把欺骗看成是一种背信弃义,情愿做刚正不阿的人而不愿做所谓的聪明人,所以他们总是和真理站在一起。即使他们抛弃了某一个群体,也不是因为他们变化无

常，恰恰是因为他人抛弃了真理。（箴言29）

▫ 心属精英，口随大众

心属精英，口随大众。众怒难犯，法不责众——想要逆大众之意而动很难，而且危机重重，只有苏格拉底敢冒这样的风险。一味地认为只有自己的意见高明，就会被别人认为是侮辱，因为这意味着你在暗示别人的观点是错的。如果你批评了别人，相当于那些称赞了他人的人也被你否定，无论属于哪种情况，都会使你同时受到两边的讨厌。真理往往掌握在少数人手里，而卑劣的欺诈行为却最常见。你不能根据人们在大庭广众之下说的话来判断他们究竟是不是明智。公共场合下，人们往往不会说真心话，只是迎合大众，他们私下很可能对这种口是心非的人深恶痛绝。有智慧的人能避免被别人反驳，也能避免反驳别人——他本来可以去责难，但绝不会在大庭广众之下这样做。人的思想是生而自由的，不能也不应该随意或贸然受到侵犯。因此，有智慧的人总是默然静处，除非遇到通情达理的人，否则绝不轻易流露反驳之意。（箴言43）

▫ 控制你的反感情绪

控制你的反感情绪。有时，我们会本能地讨厌某些人，这种厌恶的心理甚至在我们尚未认识到别人的优点之前，就

第七章 | 如何与这个世界交朋友

已经开始了。有时候,这种卑劣的、情不自禁的反感指向某些杰出人物。对于这种情绪,一定要小心地加以克制。厌恶杰出人物是最损害自己人格的,就像赞扬英雄人物能让我们变得崇高一样,厌恶他们则会让我们变得非常可耻。(箴言46)

▫ 启发别人的心智,胜过帮助他回忆

启发别人的心智,胜过帮助他回忆。因为前者需要智力,而后者只需要记忆力。有的人在时机成熟时没有做应该做的事,仅仅是因为他们一时忘了此事。在这种情况下,作为朋友,你应该提醒他们看清楚事物的利弊,有时则应该为他们出谋划策,指出利害得失。善于审时度势,是一种极其伟大的才能,一旦缺乏这种才能,必定会失掉许多成功的机遇。如果你有见事之明,就应该为他人指点迷津。如果你缺乏见事之明,就应该主动寻找这种智慧。为人指点迷津须谨慎小心,而后者则应该主动、急切。为人指点迷津时,点到即止就可以了。如果此事有涉险之虞,则要更加注意技巧。刚开始的时候,暗示就够了;如果还不够,最好的办法就是开诚布公。如果对方对你的启发仍然不以为然,那么你就要以高超的技巧获得他的赞同。在大多数情况下,之所以得不到某些东西,是因为你没有找到恰当的方法去追求那些东西。(箴言68)

◆ 智慧书 ◆

The Art of Worldly Wisdom

▣ 在博闻多识方面要谨慎

在博闻多识方面要谨慎。人生一世,能够亲历亲见之事毕竟有限,更多的是靠其他人提供信息。但是,我们的双耳所听到的多数都是谎言,而不是真相。大多数情况下,获得真相往往有赖于亲眼所见,很少依赖亲耳所闻。通过耳闻所获得的真相,很少是绝对真实的。如果是来自远方的所谓真相,则更加不可靠了,因为其中一定会混入传播者的主观情绪。而这种情绪只要作用于事物,必会多一层颜色,使事情变得好或者坏,从而也使我们偏向于某种印象。所以,当它来自那些高唱赞歌之人时,我们要多加留意;当它来自批评之人时,更值得引起我们的注意。一定要识破他的居心,他的立场是什么,目的又是什么。要谨防虚伪不真诚的人与平时经常犯错误的人。(箴言80)

▣ 在任何情况下都要有超凡的智慧

在任何情况下都要有超凡的智慧。一盎司的智慧就能抵得上一磅的小聪明,这是言行举止首要的、最高的准则。你的社会地位越高,职责就越多,就越要遵守这条准则。这也是唯一稳妥的办法,尽管未必能赢得掌声。因拥有智慧而获得声誉,是你能赢得的最高赞誉。如果你的智慧让智者感到满意,那就成功了一半,因为他的肯定几乎

第七章 | 如何与这个世界交朋友

就等于成功的试金石。（箴言92）

▫ 保持人们对你的期望

保持人们对你的期望。不断地培养人们对你的期待之情，并让这种期望越来越多。要让人们赞美你的伟大业绩，从而盼望你有更伟大的业绩。不要一开始就用完你的全部运气，要隐瞒你的力量和知识，你才能慢慢地向成功前进——这需要高明的技巧。（箴言95）

▫ 真相与表象

真相与表象。世间的万事万物，其表象与真相往往大相径庭。很少有人能透过表象看本质，大多数只满足于浮光掠影的表象。想要做正人君子，但脸上又凶相毕露，怎能做得成呢？（箴言99）

▫ 急流勇退

急流勇退。有智慧的人信奉这样一句格言：在被抛弃之前，自己先舍弃。哪怕是你的末日，你也应该取得这场胜利。要像太阳那样，在最耀眼的时刻隐没在云彩之后，不但会让人无法察觉到日薄西山，还常常会让人心生疑惑：太阳究竟落了还是没落？你应该及早抽身，以免因厄运的到来而精神崩溃。不要等到人们对你冷言冷语，对你避之唯恐不及时再去后悔。当你声名不再时，他们会把你活埋，让你饮恨余生。有智慧的驯马师都知道什么时候该让一匹赛马退役，他们不会坐等它在比赛中途颓然倒下而成为众人的笑柄。有智慧的美人总是在适当的时候砸碎她的镜子，以免等到人老珠黄、无法接受镜中真实的自己时，悔之晚矣。（箴言110）

不要老记着别人的过失

不要老记着别人的过失。要记住，在你总是宣扬他人恶名的同时，自己也必将声名狼藉。有的人为了给自己开脱或洗刷罪名，喜欢嘲笑或利用他人的过错，以此减轻自己的罪责，这实在是愚不可及。这种人就像是藏污纳垢的阴沟，臭不可闻。而执着于此道的人，就好比是在挖臭水坑，挖得越深，就越是满身臭泥。人无完人，不是来自遗传就是来自后天的习染。除非你默默无闻，否则过错难免为人所知。有智慧的人从来不会对别人的过失津津乐道，因为那只会使自己变得臭气熏天。（箴言125）

加倍储存你的生命必需品

加倍储存你的生命必需品。你将得到更加丰富的人

第七章 | 如何与这个世界交朋友

生。绝不轻易将自己局限于一种资源中,或者试图依赖某一种事物,越是珍贵或稀少的资源,越不要去试图依赖它。任何一种有价值的东西,尤其是利益、恩赐、兴趣等,都理应加倍储存。人有悲欢离合,月有阴晴圆缺,人世间最变幻无常的,莫过于我们薄弱的意志,以及依赖于意志而存在的事物。俗话说未雨绸缪,居安思危,一个伟大的生活法则是:加倍积累能给你带来幸福的利益。这就像为什么上帝让人类的手和脚都成双成对一样,因为手脚是人类最突出、最重要的器官。我们也应以人力加倍储藏我们所依赖的事物。(箴言134)

▣ 退避三舍,以求最后的胜利

退避三舍,以求最后的胜利。这个谋略可帮你达成很多心愿。即使是关于"天堂""地狱"这种上帝管辖之事,基督教的牧师们也竭力推荐这条神赐的锦囊妙计。通过主动示弱来进行掩饰是极为重要的,因为你的主动退让,往往能轻易掌握他人的意志。你的这种表现能让他感觉到成就感和胜利的滋味,而同时,你也为自己的利益开辟了道路。做任何事,切忌本末倒置,慌张混乱,贸然前进则是在冒风险。以此类推,跟张口就说"不"的人交往,上上之策是先掩盖自己的意图,绝不使他们感到说"是"有什么困难,特别是当你已察觉到他们的抵制时更要如此。这则箴言可与那些有关

隐藏意图的准则相提并论，并且同样属于精妙、细微的高超技巧。（箴言144）

▫ 幸运与不幸都是上帝的安排，勿滥施你的同情

幸运与不幸都是上帝的安排，勿滥施你的同情。对某些人来说不幸的事，对一些人来说可能是幸运的。如果没有一些人的不幸做对比，那另一些人的幸运从何而来？不幸常常会赢得人们的同情，人们想通过无用的宽慰来抚平命运在别人身上留下的伤痕，但这根本就是徒劳的。被人们讨厌的人突然成了大家同情的对象，他的不幸反而使人们把对他的仇视变成了怜悯。越是在这样的时刻，越是要明白命运之神洗牌的奥妙。有的人喜欢专门同情不幸的人：一旦有人遭遇不幸，他们便将不幸者聚集在身边；而一旦不幸者否极泰来，他们则避而远之。人们往往把这种行为称为一种内心的高贵，但这并非高明的处世智慧。（箴言163）

▫ 不要让自己过于匆忙

不要让自己过于匆忙。真正懂得如何处理事务的人，一定会懂得如何从中享受乐趣。人生最悲哀的是：人活着，运气却没了。许多人每天行色匆匆，经历了很多有趣的事情，却没有及时享受，待到路途已远，才回过头来祈祷时光倒流。对于

第七章 | 如何与这个世界交朋友

他们来说,光阴消逝如行云。他们就像是被生活驾驭的马,以急不可待的心情,驱使自己奋蹄疾驰,恨不得在一天里就得到一生也难以汲取的养料。他们总以为成功在望,所以提前耗尽了精力。由于他们心急,结果往往欲速则不达。即使是追求知识,也应把握好尺度,否则容易囫囵吞枣,一知半解。生命是长久的,好运只是一时的。行动要迅速,但享受则要慢慢体会。因为大家都知道:完成工作之后,就可以慢慢享受;而享受过后,后悔就接踵而至。(箴言174)

◻ 不要太固执

不要太固执。蠢人往往很固执,反过来说也成立——固执的人都是蠢人。他们的判断越是错误,他们越是执迷不悟。其实,即使你的观点是正确的,做些让步又何妨:人们最终将会承认你是对的,并会因为你的让步而称道你的优雅风度。否则,固执给你带来的损失是巨大的——因为你坚持维护的不是真理,而是粗暴无理,这种损失会远远超出你的想象。有的人脑袋跟榆木似的,顽固得不可救药,根本无法说服。固执一旦与想入非非联系在一起,那就结成永远的愚蠢同盟。很多时候,你的坚定要表现在意志上,但做判断时却不要太执着。当然,有一种情况例外,即你不能一退再退,一旦在判断上让步,在行动上就绝不可犹豫,否则将导致双重损失。(箴言183)

要懂得怎样易地而居

要懂得怎样易地而居。有的国家的人，只有在异地才能获得世人尊重，而后名扬于世，身居高位的人更是如此。他的祖国对待他，就好像继母对儿子那样：妒忌之心植根于出生之地，并凌驾于万物之上，使他的同胞只记得他开始时的卑微，而忽视了日后的伟大。微小如针线的物品，从世界这端飘游到那端，其价值也会提高；来自远方的一颗玻璃珠子甚至可以让人们为之放弃钻石①。来自外地的舶来品受到人们的推崇，一方面是因为它来自远方，另一方面是因为它品质完美。有些人在自己的祖国受尽白眼，在外国却能举世闻名，同时赢得同胞与外国人的尊敬：受到同胞的尊敬，是因为同胞只能从远处遥望他；受到外国人尊敬，是因为他来自远方。就好比森林里的一段树干不会受到珍视，但一旦做成雕像放在祭坛上，则人人都会顶礼膜拜。（箴言198）

天堂里万般皆乐，地狱中一切皆苦

天堂里万般皆乐，地狱中一切皆苦，而介于天堂和地狱之间的就是人间，人间则苦乐兼具。既然人间居于两个极端之间，自然也要承受两个极端赋予我们的全部馈赠：人生祸

---

① 放弃钻石：欧洲人在新大陆探险时，曾发生过这样的事情。

第七章 | 如何与这个世界交朋友

福无常,你不可能永远幸福,也不可能终身受苦。处世之法,是要以淡泊之心看待世事的冷暖浮沉。有智慧的人往往淡然处世,得失顺其自然。人生犹如一场戏,有开幕自有闭幕,但聪明人往往会拥有一个好的结局。(箴言211)

▫ 谨防隐瞒自己意图的人

谨防隐瞒自己意图的人。狡猾之人善于先分散对手的注意力,然后对其进行打击。因为人的注意力一旦分散,便很容易丧失警惕。那些图谋不轨的人常常故意隐藏他们的真实意图,比如他们要争第一,却假装甘居第二,待到人们不注意时,他们便发起冲锋,总能在最后关头取胜。因此,我们要常怀防备之心,谨防那些图谋不轨的人,尤其当他们的真实目的深藏不露时,更须加倍警惕,并力争早日识破。谨慎小心之人总能识破他们的阴谋诡计,并明白他们借以达到目的的手段:他们为了阴谋能最终得逞,往往声东击西,口蜜腹剑。假如他们口里说要让步,你切不可轻信。最好的办法是让他们明白,你早已识破他们的花招。(箴言215)

▫ 用不上力量,就用谋略

用不上力量,就用谋略。跟随时代潮流的目的不是为了顺应潮流,而是为了引导潮流。如果你实现了你的愿望，名声就不会受损。如果你力量不足以取胜，不妨施以巧计。若此路不通，就或者凭勇气开辟光明大道，或者用巧计开辟捷径。与蛮力相比较，巧计的胜算更大；与力量相搏，谋略胜出率更高。如果难以如愿以偿，便会遭到人们的白眼。（箴言220）

▯ 客观看待事物的正面与反面

客观看待事物的正面与反面。即使事情的发展脱离了预期的轨道，也不要惊慌失措。任何事情都具有两面性：一把锋利的刀，如果你去抓刀刃必然会受到伤害；如果你抓住了刀柄，它则成了护身的利器。因此，要多看事情有利的一面，这样很多痛苦烦恼的事就变成了快乐的事。把同一件物品放在阳光下，只要换一换角度，就能折射出不同的光彩。事情总有正反两面，是福是祸就看你能否利用事物有利的一面。同一件事情，从不同角度去看，所得到的结果也就不同，所以不妨从有利的角度去看，千万别混淆了好与坏。这就是为什么面对同一件事情，有些人能从中找到满足，而有些人却总是因此感到悲哀。在幸运女神离开你时，这条法则能有力地保护你：它适应于任何时代，任何环境。（箴言224）

第七章 | 如何与这个世界交朋友

▫ 睁眼要及时,出名要趁早

睁眼要及时,出名要趁早。不是所有看得见的人都睁开了眼睛,也不是所有睁开了眼睛的人都看得见。醒悟太迟带来的不是平安,而是悔恨。有些人在什么都没有之后,才想到要睁眼去看;有的人醒悟太晚,结果失去了他们的家园和财物。让一个缺乏意志的人去相信理解力是困难的,而让一个没有理解力的人去拥有意志则更难。人们要避开他们,因为他们对忠告充耳不闻,对事实视而不见。他们之所以这样,有时只是想显得与众不同,而且还常常有人以此为荣。对于一匹马来说,有一个盲了的主人是不幸的,因为主人永远也不会把它擦得光洁漂亮。(箴言230)

▫ 不要热衷于新鲜事物

不要热衷于新鲜事物。有些人喜欢推崇新事物,习惯跟着流行的新观念走,最后走到了荒诞的极端。他们的观念和理智就像是蜡制品:无论什么样的新消息,在他们心中留下烙印的同时,还把以前的一切一笔勾销。这样的人就像是永远长不大的孩子——捡了芝麻,丢了西瓜,他们容易被洗脑,任何人都能用自己的颜料将他们涂成想要的色彩,他们永远都不会是可靠的朋友。他们的判断和情感不停变换,他

们的意志和判断力不停地摇摆，一会儿倾斜到这边，一会儿倾斜到那边。（箴言248）

▫ 不要在生命即将终止时才开始你的人生

不要在生命即将终止时才开始你的人生。有些人奉行先享乐后吃苦的人生态度，他们往往是虚度半生后才开始努力，结果把自己弄得筋疲力尽。光阴要早早珍惜，应该先做最重要的事，然后再做那些次重要的事，最后才是那些琐事。有些人还没有开始战斗，就准备庆祝成功；有些人则先做那些不重要的事，而把那些能带来名誉和成就的事都留到生命的最后才去做；还有些人到了老年，才刚刚想起要积累点财富。无论求知与生活，都需要有正确的方法。（箴言249）

▫ 何时该反向理解别人的话

何时该反向理解别人的话？就是当别人怀着恶意与我们说话的时候，有些人最喜爱颠倒是非，常把黑说成白，常把"是"说成"不是"。所以，当他们批评某事时，其实相当于对此事评价很高，只是由于妒忌才恶意贬低。他们想要得到某些东西，就先贬低它。因此，并非所有的赞扬都是实事求是——有些人为了避免称赞美好的事物,就故意去赞扬丑恶的事物。有些人觉得谁都不坏,那实际上说明他觉得谁都不好。(箴言250)

▫ 擅长运用人的手段

擅长运用人的手段。运用人道时,宛如神道不存在。体察神道时,宛如人道不存在。一位大师①曾立下如此精湛的法则。对此应当理会其中深意,无须多评论。(箴言251)

▫ 勿以恶小而轻之

勿以恶小而轻之。不要忽视小恶,因为祸不单行,祸患常常是接踵而来,幸福也是如此。幸运喜欢往福多的地方跑,不幸通常往祸多的地方聚。所以,人们都想逃避不幸,而去拥抱幸福。甚至头脑简单的鸽子,也懂得要朝最白的墙壁方向飞。不幸的人一无所有:他没有自己,没有运气,也得不到任何慰藉。千万不要触碰厄运之神,让她继续酣睡。一个小恶让你跌倒一次,这是绝对不容忽视的——因为不幸

---

① 指耶稣会创始人伊纳爵·罗耀拉,西班牙人,圣人之一,马丁·路德宗教改革的激烈反对者。

一旦开始,随后更大的不幸就会接踵而来,你不知道何时才是尽头。不过,没有人能永远幸运,厄运也有停止的时候。对命运的各种安排,好的、坏的,应以平常心待之。(箴言254)

第八章
令人愉悦的说话之道

懂得如何拒绝

懂得如何拒绝。人生最大的课题之一是懂得如何拒绝,其中最重要的是,拒绝为你自己做某事或拒绝为他人做某事。那些无关紧要的事,使人白白耗费许多宝贵的时间。常常只忙于一些鸡毛蒜皮的事情,这其实比什么都不干还要糟糕。要真正做到小心谨慎,不管他人闲事是不够的,你还得防止别人来管你的闲事。不要对别人有太强的归属感,否则很容易迷失自己。你不要滥用友谊,也不要向朋友要求他们不想给的东西。过犹不及,和别人打交道尤其如此。只要你能够做到适可而止,你就总能得到他人的善意与尊重。这种方法将使你受益无穷。你要懂得如何拒绝,才能保住自己的才华,根据自己的意愿自由选择最好的东西,而不违背自己追求的高雅趣味。(箴言33)

善于说一些俏皮话,并巧加利用

善于说一些俏皮话,并巧加利用。在人际交往中,这一条尤为重要。它可用来探测他人的情绪,也可以刺探别人的心思。有的话里有恶毒、草率、妒忌之情,其中甚至夹带着阴暗之心,这种旁敲侧击的话是一种无形的霹雳,可以立马摧毁所有的好感。有的人际关系之所以覆灭,只是因为一句含沙射影的恶毒话;许多原本亲密无间、不受人挑拨的人心

第八章 | 令人愉悦的说话之道

生嫌隙,也是被这种话刺激的。有的俏皮话可以起到很好的作用,它可提高和巩固我们的声望。但不管怎样,别人越奸诈,我们就越要加倍小心,敏锐地把它化解掉。我们若先怀防人之心,则打击到来时,必能随时化解。(箴言37)

◘ **不要言过其实**

不要言过其实。不明智的标志之一就是,滥用夸张的词语。过分使用"最"字既违背事实,又使人对你的判断心存疑虑。说话夸大其词,相当于是滥用赞美之辞,这不仅会暴露出你的无知,还会让人觉得你品质低劣。赞美之辞很容易招来人们的好奇之心,好奇心则会勾引出欲望。等到后来人们发现你言过其实时,必然会觉得自己的期待之情被愚弄,于是生出报复之心,将赞美者和被赞美者全盘否定。所以,谨慎的人在评价事物时都懂得克制,宁愿言之不足,也不言过其实。真正的卓越超凡本来就十分少见,所以更不必过分夸大。从某种程度上说,言过其实等于是在说谎,不仅会毁坏别人眼中你品位高雅的印象,甚至还会毁坏你给人留下的智慧过人的印象。(箴言41)

◘ **拒绝有方法**

拒绝有方法。人与人的交往之中,有求必应是不可能做到的，如何给予别人与如何拒绝别人同等重要，尤其对于发号施令者来说更是如此。可问题的关键就在于如何拒绝。有些人的拒绝比另外一些人的给予还要宝贵：有时镀了金的"不"字比苍白的"是"字还要贵重。人们总是习惯把"不"字挂在嘴边，结果把事情弄得一团糟。他们总是先拒绝，当然事后可能也会做出让步，但别人不会对他们抱有好感，因为他们一开头就让人失望。要回绝别人但不要回绝得太死，要让人们渐渐地接受被拒绝的事实。绝不要彻底回绝一件事：如果这样，人们就不再依赖你了，甚至会产生怨恨。要留一点希望的余地，使拒绝带来的痛苦增添一点甜美的味道。既然取消了从前的实惠，那就要在语言上做得很礼貌，纵然没有行动上的补偿，也不妨用口头来弥补。"是"与"不"说出来很简单，如何说才算妥当，真叫人煞费苦心。（箴言70）

◘ 退避有道

退避有道。这是谨慎的人克服困难的法宝。即使是迷失在错综复杂的迷宫，他们也能用一个最优雅的玩笑使自己巧妙脱险；用一句闲话或者一个表情，他们就能从严肃的讨论中脱身。伟人往往都精于此道。如果你必须拒绝，悄然地改变话题是最友善的办法。有时候，最高明的理解就是假装不理解。（箴言73）

第八章 | 令人愉悦的说话之道

▫ 预防众口铄金

预防众口铄金。乌合之众就像一只长了很多头的怪物，有好多双眼睛和好多条舌头，专门用来传播恶意，滥施诽谤。有时，肆意传播的谣言能使最好的名声化为乌有。如果这些恶名就像绰号一样附在你的身上，你的声誉会因此消失。人们通常会对你身上明显的弱点或一些可笑的缺陷感兴趣——因为这都是茶余饭后的好谈资。有时则是出于妒忌，这些人狡猾地凭空造出了这些弱点或缺陷。比起厚颜无耻的谎言，卑鄙口舌的嘲讽能更快地毁掉美好的声誉。获得坏名声很容易，因为坏事传千里，坏事总是容易令人相信并且长时间存在。有智慧的人则会避免这类灾祸，对那些庸俗傲慢无礼的言行保持警惕。因为预防疾病总是比治病容易很多。

（箴言86）

▫ 勿招人厌烦

勿招人厌烦。如果你总是重复一个话题，纠缠一件事，就很容易招人烦。语言简洁总能令人愉悦，给人好感，并且事半功倍。有时候，简洁虽然显得草率，却在礼貌上更胜一筹。美好的事情如果能简洁点，则是好上加好。不好的事情如果能简洁点，也不至于太糟。事情的本质是少而精，而非多又杂。有的人不善于为别人做增光添彩的事情，却善于搅扰四邻，就像绊脚石一样挡别人的路。有智慧的人都懂得应避免令人生厌，尤其是不让大人物厌烦——大人物日理万机，触怒这样的人或许比惹恼其他人更糟。说话高明即指说话简洁。（箴言105）

让言行富有权威

让言行富有权威。只有这样才能不负众望，无往而不利。不论是交谈、演说，还是步伐、神色，以及申诉求告，处处都能显示出这种权威的成效。征服人心才是真正的胜利。这种权威性既非来自任何愚蠢的自以为是、铤而走险，也非来自夸夸其谈，而是来自言行的权威，只有才智过人、品行高洁的人才拥有如此高超的品格。（箴言122）

不要总是公开唱反调

不要总是公开唱反调。喜欢唱反调的人，只能招来别人的怨恨，还让自己身心俱疲。有智慧的人应小心避免这种行为。如果事事你都持有不同意见，也许能证明你富于创见，但这种固执己见也容易落下傻瓜的嫌疑。这种人总是能将愉快的沟通演变成一场舌战，相比陌生人而言，他们对自己的亲戚、朋友有时则更像是敌人。美味佳肴中夹杂的沙粒特别硌牙，惬意闲聊时的争论也常常败兴，他们就是这种残忍而愚蠢的傻瓜。（箴言135）

第八章 | 令人愉悦的说话之道

◼ 不要为了免俗而崇尚诡辩之术

不要为了免俗而崇尚诡辩之术。流俗与诡辩是两个极端，都会损害名誉。凡是危及我们尊严的做法都是蠢笨的。诡辩本质上是一种欺骗：乍一听觉得很有道理，并因其刺激、新奇而吸引人们的注意力，但用不了多久，当它虚伪的装饰被揭穿，就会自取其辱。诡辩作为一种花招，它的虚假能暂时蒙蔽人们的判断，甚至在政治上可使国家颠覆。那些不能或者不敢用仁德显名于世的人，往往喜欢选择走悖理逆情的诡辩之路，这虽然能让无知的人惊奇万分，却无法欺骗先知先觉的智者。诡辩彰显出判断力的不健全，以及言行的不谨慎。它不是建筑在虚假伪善之上，就是存在于变幻无常之中，并将人生置于险境。（箴言143）

◼ 学会谈话艺术

学会谈话艺术。人的真实品性能在谈话之中得到展示和体现。日常生活中，没有什么比谈话更需要加倍小心的了，人生的成败得失，往往和谈话的成功与否有重要的关系。书信往来，都是在深思熟虑后才诉诸笔端的，我们有相对足够的时间去考虑；面对面的谈话则没有太多思考的时间和空间，所以更要加倍小心，而成败往往就在说话的一瞬间。深谙谈话艺术的人，往往几句话就能听出别人的内心世界。因而曾有先哲[①]说："说话吧，这样我就能马上了解你。"但对有些人来说，谈话的艺术就是没有艺术，谈话犹如穿衣，宽松舒适即可——这种情况常见于朋友间的闲谈，而更高层次的交谈，则是深沉的，时时流露出交谈之人的真知灼见。因此，要想成为谈话高手，就需要调整自己，以求与对方的气质和才智达成默契。不要对他人的修辞或表述过分挑剔，否则可能会引起他人不快，认为你是在故意找碴儿，甚至还可能会招致别人的敌意，从而导致谈话失败。因此，千万记住，审慎的言辞比滔滔不绝的口才更为重要。（箴言148）

▫ 千万要慎言

千万要慎言。与对手谈话时，自然要谨慎；与其他人谈话，也要小心，这是为了得体和尊严。补充一句话会比较容易，但收回一句话却不可能。说话就如写遗嘱，言辞越少，发生争端的概率也就越小。在小事上注意锻炼自己的谈吐，遇大事时便能应付自如。处理秘密之事时更要注意口风。因为，嘴快的人往往很容易失败。（箴言160）

[①] 先哲：指苏格拉底。

第八章 | 令人愉悦的说话之道

◻ 稳重含蓄是才能的标志

稳重含蓄是才能的标志。向大众袒露心声就如同将一封私信公之于众，这是十分危险的。智者的心中要能潜藏秘密：无论巨大的空间或微小的沟壑，均可让重要的事沉淀深藏。稳重含蓄来自于成功的自我控制，能够保持缄默才是真正的胜利。你将秘密分享给了谁，就等于给他一个控制你的把柄，而安稳处世的关键就在于内心的节制。有人想摸透你的心思，冒犯你或者试图控制你，或者设置圈套陷害你，企图使你泄露秘密，这时你的含蓄缄默便显得更加重要。因此，凡事注意保密，要事不要说，说出来的事不要照做。（箴言179）

◻ 说真话，但不要说出全部真话

说真话，但不要说出全部真话。说真话就像用手术刀给心脏做手术一样，需要极高的技巧。说出真相和掩盖真相的难度系数一样高。一句谎言可能会毁掉你诚实的名声。被欺骗是一种过失，刻意欺骗别人则更受人指责。并不是所有的实话都能说：有时为了自己，你应该闭口不言；有时为了他人，也要三缄其口。（箴言181）

多为别人点赞

多为别人点赞。发掘事物的亮点,然后大加赞美,这样能确立你的品位。让别人相信你的品位非比寻常,从而希望得到你的赞美。只有懂得了何为优秀,才能知道如何赞美别人。赞美是一个范本,是能提供谈资和效仿的榜样;赞美是一种激励,能勉励人们去做值得赞美的事;赞美还是一种敬意,你能用如此优雅的方式向杰出人物致敬。有些人不懂赞美:他们总能找出事情的毛病来进行挑剔,或者通过贬损不在场的人来恭维眼前的人。这种伎俩对那些浅薄的人很奏效,他们觉察不出其中的把戏:今天能贬损别人,明天别人也能贬损你。还有一种人喜欢薄古颂今:称颂今日的平庸,贬低往日的辉煌。有智慧的人一眼就能识破这些伎俩,他们既不会因言过其实而沮丧,也不因阿谀献媚而忘形。因为他们知道,这些吹毛求疵之辈采取的都是相同的伎俩:针对不同的人采取了不同的说话方式,而同时也明了,他们是最不值得交往的。(箴言188)

要懂得如何说出真相

要懂得如何说出真相。说出真相是充满危险的事情,但有良知的人却不得不全都讲出来,这就需要高超的技巧。善解人意的精神医生发明了使真相更容易被接受的甜化剂,因为当真

第八章 | 令人愉悦的说话之道

相被说出来的时候,人的内心实在是非常苦的。所以,我们需要用完美无缺的技巧和得体的举止来表达真相。同样的真相,有人听后会表示感谢,而有人听后则会勃然大怒。向聪明人讲述真相时,只要暗示一下就足够,甚至有时根本不用说什么;而对蠢人来说,千万不要给他们赤裸裸的真相,而是要在真相这颗苦药上包上糖衣哄骗他们。(箴言210)

▫ 学会反驳之道

学会反驳之道。这是调查事情真相的最好办法:让对手主动出击,而自己隐身事外。你可以利用矛盾来挑动别人的情绪,然后获得真相。你故意流露出对他的些许怀疑,让他对你的怀疑很愤怒,从而诱使他主动说出秘密。这是一把打开心门的钥匙,如果方法得当——能试探出别人的意愿、目的和意志。对于他所表现的神秘莫测,你要故意不屑一顾,然后暗地里去探察其中的深意,然后拿出甜美的诱饵,慢慢引导他自己说出来,于是这隐藏最深的秘密,就这样落入你精心编织的机巧之网。你表现得漠不关心,别人也就不会在意,这样一来他们就容易把潜藏最深的秘密不经意地暴露出来。而假装怀疑也是一个好办法,它既能满足你的好奇心,也能试探出别人的真实目的。做学问也是如此,优秀的学生常常会反驳他的老师,这种反驳会诱使老师阐述和维护真理的心情更加急切。所以,恰当的反驳能使教学更加完善。(箴言213)

清晰地表达自己,并保持简洁和流畅

清晰地表达自己,并保持简洁和流畅。这不仅取决于思路的清晰,还在于思维要敏捷。就像有的人很容易怀孕,却经常难产:表达不清,思想的孩子便难见天日。有的人思想就像一个酒坛,尽管储存了很多佳酿,能倒出来的却很少;而有些人却能将自己的想法表达得淋漓尽致。坚定不移的意志,清晰流畅的表达,是两大重要的天赋。思路清晰的人受人称赞,头脑混乱的人则为人摈斥。不过,有时表达隐晦比表达直白要强得多。但是,如果我们自己都不清楚自己在说什么,别人又怎么能听明白呢?(箴言216)

沉默是金

沉默是金。舌头就像一头野兽,一旦挣脱了束缚,就很难再把它送回笼中。同时,舌头也是灵魂的脉搏,有智慧的人都用它来诊断人们心灵的健康:它往往代表了人的心声。不幸的是,那些本应最谨慎的人往往最不谨慎。而智者们会用自制力,通过沉默使自己避免困境和险境。他们总是三思而后行:有时候像双面门神雅努斯[①]一样前后兼顾,有时候像百眼巨人

[①] 雅努斯:古罗马神话中守护门户的两面神,有一正一反两张面孔,因而可以瞻前顾后。

第八章 | 令人愉悦的说话之道

阿耳戈斯一样时刻保持警惕。当然，摩墨斯①还不如让眼睛长在手上，而不是将窗户开在胸口上。（箴言222）

◘ 容忍别人的嘲讽，但不要嘲笑别人

容忍别人的嘲讽，但不要嘲笑别人。前者是一种雅量，后者则会让你陷入困境。朋友聚会时，动不动就发脾气会让人觉得矫情。有时候，开个大胆的玩笑会让人心情开朗，而能够接受这种过分的玩笑，则更是一种大气度。若你因无法接受而生气，那会让别人也觉得尴尬。有的时候开玩笑应适可而止，在玩笑中往往容易产生很严肃的问题。因此，开玩笑需要极高的警觉和技巧。在开玩笑之前，要弄清楚对方在多大程度上经得起你的玩笑。这才是大智慧。（箴言241）

◘ 不要把你的想法表达得太清楚

不要把你的想法表达得太清楚。大多数人对他们能够理解的东西往往没啥感觉，而对不理解的东西却常常十分推崇。因此，想要使某些东西变得珍贵，就要让它们变得稍微复杂一

---

① 摩墨斯：古希腊神话中的指责、嘲讽之神。赫菲斯托斯（古希腊神话中的火神，锻造、铁匠之神，手艺高超）造了一个人，却没有在他的胸膛上留下一扇门，好让别人窥视他的内心秘密，因此受到莫墨斯的指责。

点：当人们需要开动脑筋才能明白你的意思时，往往会对你有较高评价。如果你想受人尊重，你就要比众人所期望的更智慧、更谨慎，但注意要适度，不要过分表现。有智慧的人看重事情本身，但大多数人看重当事人的身份与地位。要学会让人揣度你的心思，这样他们就无暇指责你。大部分人都喜欢赞美那些隐蔽而神秘的东西，因为神秘让人产生敬畏，看到别人在赞美，他们也就跟着赞美。（箴言253）

甜美的话，温柔地说

甜美的话，温柔地说。利箭刺透的是人的身体，而恶语刺伤的是人的心灵。美味的食物往往色香俱佳，动听的言语人人都喜欢。如何说话是一件很重要的事，这是一门高超的艺术，需要巧妙的方法。有时候，一句话就能让你摆脱困境；有时候，空洞的言语也可以用来对付自傲自大。因此，应该在说话这门艺术上下功夫，甜美的话，要学会温柔地说，最好能让对手都喜欢上你说的话。若想获得别人的喜爱，途径之一就是采用平易近人的说话方式。（箴言267）

第九章

如何成为更好的自己

随机应变

随机应变。机变就是常备状态下的敏捷与果断，它来源于快乐的心灵产生的良好冲动。这是一种完全没有意外和偶然发生的，非常轻松的、充满生气与活力的状态。有的人虽然思虑周密，却是做什么事情都出错；另有一些人好像毫无远见，却往往能顺利达到目的。确实存在这样的怪杰，越是遇到大的困难，越是能激发出很强大的潜在的抗逆境能力。奇怪之处在于，他们取得成功都看似自然天成，而一有所虑反倒会遭遇失败。对他们来说，如果当时没有想到，事后也绝不会想到，即使故意去想，也没有用处。敏捷能赢得赞赏，因为这显示出你有一种天资卓绝的能力：判断精准，行动谨慎。（箴言56）

灵活地向周围的人展示自己

灵活地向周围的人展示自己。谨记：不要在每个人面前随意显露自己的才华。一件事情需要多大的努力就必须付出多大的努力，不必要付出的知识和才德则能省就省。优秀的养鹰人只驯养他用得上的鹰。不要毫无保留地显露你的才能，如果今天展示太多了，明天人们便再也不觉得你有何新奇之处。所以，你总是要保留压箱底的绝招，假如你能经常展露一些让人眼前一亮的才华，人们就会一直对你抱有期

第九章 | 如何成为更好的自己

待，也会因为一直不清楚你的才华究竟有多么广博，而对你总是欣赏敬畏。（箴言58）

◎ 结局好才算好

结局好才算好。在造访命运的宫殿时，如果你从快乐之门进去，则肯定会从悲哀之门出来；如果从悲哀之门进去，则必从快乐之门出来。所以，你在开始做一件事情的时候，就应该考虑好如何收尾。与其开场的时候风光无限，不如收场的时候功德圆满。许多人的不幸在于，开始时红红火火，但结局却很悲惨。真正重要的时刻，不是开场时大家热烈地鼓掌欢迎你——这种情形太常见了——而是退场时赢得别人对你的依恋。在人生这个大舞台上，如果你退场之后还能赢得人们的期盼，那才是了不起的人物。幸运女神很少会一直送你到大门口，她总是对刚来的人笑脸相迎，对将去之人冷若冰霜。（箴言59）

◎ 追求卓越，然后再卓越一点

追求卓越，然后再卓越一点。在人类的各种优秀品质中，这是最罕见、最珍贵的。但凡英雄豪杰，必然具备某些高尚的品质，平庸的人很难获得人们的喝彩。在崇高的事业上出类拔萃，可以让我们跟那些凡夫俗子区别开来，从而成为卓绝超凡的人物。越轻松获得的成绩，也就越无荣耀可言。而在不平凡的岗位上追求卓越，能使你具有王者风范：赞颂之声四起，人人尊敬欢迎。（箴言61）

先下手为强

先下手为强。当大家都面临均等机会时，凡事先下手者必先占优势。如果你有真才实学，则更要抢先下手，这能让你占据很大的优势。许多人本可以在他们的领域独领风骚的，然而他们却偏偏让那些不如他们的人占了先机。领先之人往往能像长子一样，是名誉的继承人，后来者只能是次子，只能分到一点残羹冷炙，或者一无所有。无论后来者如何费尽心机，也难免遭受步他人后尘的讥讽。杰出的天才总是小心谨慎，在冒险和保守这两个极端里别出心裁地寻找平衡，另辟蹊径找到办法，取得成功。他们总是善于标新立异，从而得以声名远播。有的人却心甘情愿地居于二流之位，不愿抢得先机。（箴言63）

趣味要高雅

趣味要高雅。如同聪明才智一样，高雅的趣味是能够培养出来的。对事物有透彻的了解，不但可以提升你的品位，而且能增强你的愉悦感，一旦如愿以偿，就会觉得快乐倍增。如果想要看看某人的精神追求是否高贵，可以通过观察他的趣味是否高雅来判断——只有高雅的趣味，才能配得上远大的目标。嘴张得大，能吞下的东西自然也多；心性崇高之人方能驾驭崇高的事业。即使是最伟大杰出的人，在面对趣味高雅的人时，也难免诚惶诚恐，最完美的人也会失掉自信心。很少有能达到十全十美的事物，所以你在欣赏时，不要太苛求。趣味可通过与他人的交往而获得。通过不间断的学习，最终能形成自己的鉴赏趣味。如果你能与那些品位臻于完美的人结交上，那是你莫大的幸运。不过，千万不要宣传自己对什么都不满意，这是一种极端愚蠢的心理。如果这种愚蠢的心理是来自装模作样，而不是出于天生的性情，则更加可恶可鄙。有的人总希望上帝创造另一个完美的、十全十美的世界，以满足他们自己不切实际的幻想，其实根本愚蠢至极。（箴言65）

▫ 不要举棋不定

不要举棋不定。有智慧的人绝不因性情与做作而让自己的言行反常，总能在一切与完美相关的事情上前后一致而显示出他的高明。除非事情的根本性原因发生变化，或者利害得失发生本质改变，他们才会修改自己的行为方式。做任何事情都应小心谨慎，反复无常是最为忌讳的。有的人每天都不一样：他们的才能时好时坏，意志力和理解力也天天变化，于是运气也跟着天天变。黑白颠倒只在刹那，是非不分

也只在须臾,昨天他们只是让步,今天却变成了倒退。他们自污其名,必定也损害别人对自己的信任。(箴言71)

◘ 不要败在一时冲动

不要败在一时冲动。有智慧的人不会一有什么念头就立刻付诸行动。随时地自我反省能提升智慧:了解自己的禀性,有时候甚至要反其道而行之,以便使你的理性与感性互相平衡。自我提升始于自我批评。有的人天生洒脱,总是由着性子行事,稍有风吹草动就会影响到情绪。由于受这种失衡的情绪影响,他们做起事来总是前后矛盾。这种过分洒脱的性格不仅破坏他们的意志,还会影响他们的判断力,使他们的感性与理性背道而驰。(箴言69)

◘ 行事要果断

行事要果断。行动出错带来的危害,远不如因行事犹豫不决带来的危害大。被阻挡的河流,也往往比流动的河流更具备破坏性。有的人总是因为犹豫不决而需要别人敦促。这往往不是因为他们缺乏判断或者事情复杂,而是由于他们缺乏执行力。实际上,他们是相当明察的人,也能清楚地看清困难之所在,可以称得上精明,但可惜他们找不到解决困难的办法,所以算不上真正的精明。另一些人做任何事情一往

第九章 │ 如何成为更好的自己

无前,他们具有清晰的判断力和坚定的决心,好像天生就要做伟大的事业。这种明察善断的个性很容易使他们获得成功,他们言而有信,往往在完成既定目标后,资源还绰绰有余。他们能更好地把握自己的运气,所以能以更大的信心再创辉煌。(箴言72)

▫ 做人须机智善变

做人须机智善变。要做一个言行得体的普罗特斯①。与学者交往,说话时要显示出自己的学识;与圣人交往,行为举止应显出品德的高尚。这是取得别人支持的好方法,因为习性相投,才能获得他们的认可,然后才会得到普遍的支持。所以,在与别人交往时,要多观察他们的性情气质,然后调整自己,确定如何与他们相处。有时他们会不苟言笑,有时又会活泼风趣,只有做到了心中有数,才能顺水行舟与其交往。如果你有求于对方,这一点就更显得重要。当然,这一处世原则并不是一般人能办得到的,这需要你既是一个行事稳重的人,还能随时调整自我以适应他人,还需要你见识广博,兴趣广泛,才能对这个原则运用自如。(箴言77)

---

① 普罗特斯:古希腊神话人物,以善于变形著称,能随意改变自己的外形。

◻ 养成轻松愉快的性格

养成轻松愉快的性格。让自己保持适度的轻松愉快,这不是一种缺陷,而是一种天大的优势,如再加上机智,便更是锦上添花。大人物有时也会利用风度与幽默,这很容易博得众人的欢心。但在这种情况下,他们的处事却是十分谨慎的,从不做失礼之事。有的人则把玩笑当成迅速摆脱困境的方法:有些事情应一笑处之,尽管别人认为这是很严肃的事。这是一种平易与随和的表现,会产生一种奇妙而迷人的效果。(箴言79)

◻ 容许自己有无伤大雅的过错

容许自己有无伤大雅的过错。有时,这种轻率的疏忽,反而是帮助他人看到你的才能的最好方式。妒忌通常表现为对人的排斥,越是斯文有礼的妒忌行为,其罪行其实越大。妒忌总是把所有完美视为敌人,完美本身没有错,恰恰是因为完美,才招致妒忌。妒忌使人变成神话里的百眼巨人阿耳戈斯,所有眼睛都用来在完美中寻找瑕疵,目的只是安慰自己。挑剔指责如同闪电一般,总会袭击最高的地方。正是因为这样,所以即使是荷马这样的大诗人,也难免有写得不尽如人意的地方。因此,你需要在保持谨慎的前提下,假装缺乏智慧和勇气,偶尔犯一些小错误来抵消他们的恶意,这样才不会让他们的"毒沫

第九章 | 如何成为更好的自己

横飞"。这就好比高明的斗牛士一样,把红色披风留给愤怒的公牛去顶撞,自己则得以保全。（箴言83）

◻ 文明和教养

文明和教养。人类生来就是野蛮的,是文明使人超越动物之上;是文明使我们成为真正的人——越文明,人才越伟大。古希腊人根据这种理论将世界上其他的人称为"野蛮人"。无知就等于粗野和愚钝,而最能教化人类的就是知识。但如果没有教养,即使有知识,人也会变得粗俗。不仅是知识,还有我们的欲求,尤其是我们的言行举止,都要有教养。有些人天资聪颖,他们的理想、言行和饰物以及才干,都展现了一种自然的教养。另外一些人则是如此粗俗不堪,极度缺乏教养,他们用令人难以忍受的粗野和邋遢玷污一切,甚至玷污了他们原本美好的品质。（箴言87）

◻ 豪爽待人,志存高远

豪爽待人,志存高远。伟大的人从来都不拘小节,他们在和别人谈话时,尤其在谈论一些不愉快的话题时,他们不会刺探事情的细节。了解事情的全貌很重要,但要随意一点,不要把谈话变成琐碎的询问。当事情变得不愉快时,要表现出一种绅士般的彬彬有礼,宽宏大量的豪爽气概。管理人的一大要诀在于假装对事情漠不关心，这是一种风度。要学会忽视一些事情，尤其是发生在你的朋友、熟人，特别是你的对手身上的事情。过分在意细节会令人不快，尤其是事情本身就让人生厌时。如果这成了你性格的一部分，你会变得非常令人讨厌。对不愉快的事情耿耿于怀，是一种偏执。要记住，人们通常按本心行事：与他们的心胸和能力有关。（箴言88）

▫ 长寿的方法

长寿的方法。要好好活着。有两样东西会导致生命过早结束：愚蠢和堕落。有些人是因为不知道如何去挽救生命而丧生，另外一些人则是因为不想去挽救生命而丧生。正如美德是人自身的回报一样，邪恶是人自身的惩罚。用邪恶的方式生存的人，他的生命会更加短暂；而行善的人则获得永生。精神的力量能影响肉体的强健，行善的生命不仅充实快乐，还会不断延长。（箴言90）

▫ 让你的能力高深莫测

让你的能力高深莫测。有智慧的人如果想赢得别人的尊敬，就不会让别人看出他有多少智慧和勇气。要让别人都知道你，但不要让他们充分了解你。有智慧的人不会让人看出他能力的极限，以免让人对他失望；也绝不会有任何人知道

第九章 | 如何成为更好的自己

他的才能究竟有多大。宁愿让人怀疑他的天才，也比显示他的天才更能让他赢得崇拜。（箴言94）

◘ 隐藏你的意图

隐藏你的意图。激情是灵魂的大门，最实用的知识存在于掩饰之中。轻易亮出自己底牌的人可能会输掉全局。因此，千万不要让别人的关注战胜你的谨慎和小心。当你的敌人像山猫一样窥视你的意图时，你要像乌贼一样采用喷墨的办法掩饰它；甚至不要让任何人知道你的喜好，以免别人利用它要挟你，或者投你所好来迷惑你。（箴言98）

◘ 保持清醒，不沉浸于幻觉和欺骗

保持清醒，不沉浸于幻觉和欺骗。这种人是有道德、有智慧的君子，是品格高尚的哲学家。不要只看重表面，也不要炫耀你的美德，而是要确保完全做到。现在，哲学已不受人尊敬，尽管它是追求智慧的主要方式。严谨的科学也不再受到人们的尊重。塞涅卡把它引入古罗马，一度使宫廷贵族们争相效仿，但现在人们觉得它毫无用处，甚至是令人讨厌的。然而，善于识破虚伪一直被认为是谨慎者的主要标志，也是正直者的一大禀性。（箴言100）

◘ 不要斤斤计较

不要斤斤计较。有的人天性粗野狂暴，能把很小的错搞得像滔天大罪那样不可饶恕。他们这样做并不是出于一时的愤怒，而是他们的天性使然。他们对谁都责备，有时是因为这个人做过什么，有时是因为他将做什么。这就恰恰暴露出一种比残忍还要可恶的性格，这种性格才真的是糟糕透顶。他们是如此夸张地指责别人，总是鸡蛋里挑骨头，以致把原本芝麻大的小问题渲染得满城风雨，甚至将别人全盘否定。他们总让人无法忍受，把天堂变成地狱。在盛怒之下，他们甚至会把一切都推到极端。而有智慧的人往往能够宽容别人的过失，他们总会坚持认为别人的本意是好的，或者只是一时不小心才犯下错误。（箴言109）

◘ 争取他人的好感

争取他人的好感。即使是至高无上的造物主，在最重要的问题上也是这样做的。获得了别人的好感，就容易得到好名声。有的人对自身的能力过分自信，以致他们常常忽视了个人魅力的作用。有智慧的人很清楚这点，如果得到了别人的好感，做事好比如虎添翼，必定事半功倍。他人对你的善意将使一切事情都变得容易，并且弥补你所缺乏的一切：勇气、诚实、智慧，甚至还有谨慎。他从来不会看到你的任何

第九章 | 如何成为更好的自己

缺点，因为他从来不会搜寻你的缺点。好感通常都是基于性情、种族、家庭、国家或职业等共性而产生的。而在精神领域，好感的共性则来源于天赋、职责、荣誉和才能。要保持别人的好感很容易，但要赢得他人的好感很难。你能通过努力争取它，但你也必须懂得如何运用它。（箴言112）

▫ 不要惹人生厌

不要惹人生厌。厌恶之情经常都是不请自来，所以千万不要招惹别人的反感。很多人经常憎恨别人，却无法说出为什么。厌恶之情往往比喜爱之心来得更容易，报复的欲望比友善的愿望来得更强烈。有的人偏偏喜欢惹人厌烦：可能是因为他们只想制造不快，又或者他们本来就心情抑郁。他们的憎恶之心一旦产生，就很难消除，正如恶名难除一样。判断准确的人被人敬畏，恶毒的人遭人憎恨，傲慢的人被人怠慢，取笑别人的人遭人轻视，性格古怪的人被人排挤。因此，想要受人尊敬，就要先尊敬别人；想得到别人的夸奖，就要先夸奖别人。（箴言119）

▫ 生活讲求实际，知识只求实用

生活讲求实际，知识只求实用。在世人面前，即使你具有非凡的才干也要注意保持沉默。每个人的思维方式不同，好比做菜一样众口难调。不要故意带上前人的深沉感，要让自己的品位跟上潮流。在大部分领域，品位都是由多数人主导；想要出人头地，先得在品位上随大流。有智慧的人会努力改变自己以适应时代的变化，无论是在精神上还是在物质上，即使过去的时光更加美好。这一法则可谓放之四海而皆准，只有一个"善"字除外，因为人人都需要时时行善。许多看似传统陈旧的东西好像已经过时了，比如说真话，守诺言，讲诚信。这些看起来属于美好的过去，其实却常受到人们的欢迎爱戴。这样好的人虽然还有，却变得非常稀少，而且人们也不会再仿效他们。当一个时代里美德难觅，邪恶盛行，那该是多么可悲啊！有智慧的人只能力求自保，哪怕最终不能尽心如愿。他们宁愿接受命运所赐予的东西，也不会向命运讨要东西！（箴言120）

▫ 凡事潇洒从容

凡事潇洒从容。潇洒从容能激发出才智之士的勃勃生机，使其妙语连珠，别具一格。秀美神奇的大自然从不缺少众多美德的装点，而君子的美德配上潇洒从容的风度才能更加灿烂夺目。优雅的风度甚至使抽象的思维变得更加赏心悦目。这种风度更多的是出自先天的禀赋而非后天所学，所以，即使是种种艺术法则，都难以望其项背。这种先天的禀赋不仅将凭技艺的人们抛诸身后，甚至后发制人，使众多想

第九章 | 如何成为更好的自己

捷足先登的人望尘莫及。气定神闲的风韵不但能增强你的自信，而且使你的美德锦上添花。如果你拥有花容月貌，却缺乏优雅的风度，那也不过是一具空空的躯壳，就像道貌岸然的外表掩盖不了沐猴而冠的事实一样。优雅潇洒的风度不但能使你声名显赫、谨言慎行，甚至可使你超然物外。这种风度不但是摆脱困境的妙法，而且也是成功的捷径。（箴言127）

▫ 有智慧者自足

有智慧者自足。曾经有一位智者①，随身所负，即为其所有。曾经有一位博古通今的饱学之士②，有资格代表整个古罗马和世界的其他部分。那么，如果能让你自己成为这位朋友一样的人，你就能够独立生存了。假如别人的聪明才智、学识修养都不比你强，你何必需要他呢？依靠你自己就足够了：这种像上帝一样存在的自由，也是最大的快乐。能独立生存的人绝不会是野蛮人，相反，他就像一位遗世独立的圣人，甚至是神仙。（箴言137）

---

① 古希腊哲学家斯提朋在一场大火中失去了妻子、儿女和所有的财产，他从废墟里站起来，说道："我所有的财富都还在身上。"

② 指古罗马政治家、军事家、执政官马尔库斯·波尔基乌斯·加图，通称其老加图或监察官加图，以与其曾孙小加图区别。

不要与让你黯然失色的人交朋友

不要与让你黯然失色的人交朋友，不要成为衬托他的绿叶。他越是完美，越受人欢迎。如果他总是遥遥领先，而你只能屈居第二，即使你能赢得人们的掌声，也不过是别人剩下的。月亮独挂天空时，尚可与众星争辉，但太阳一出来，它便光彩顿失，甚至干脆彻底消失。因此，不要与让你黯然失色的人为伍，而要和那些能映衬你风采的人交朋友。在马歇尔[①]的诗中，聪明的法普拉之所以显得美丽不凡、光彩照人，就是因为她的女仆都其貌不扬又不修边幅。切记，不要被别人当成衬托，也不要以贬损自己为代价去增添他人的荣光。人在青春少年之时要多结交才俊，年老之后则当与凡人为伴。（箴言152）

做人要厚道

做人要厚道。倘若你是厚道之人，就不会欣赏那些虚伪之辈。不以内在品质为根基的显赫，最终只是虚妄。很多人看上去厚道，但只是徒有其表：他们是典型的伪君子、欺诈的源头，虚妄的妖精[②]把妄想根植在他们身上，于是他们到处欺

[①] 马歇尔：古罗马讽刺诗人，西班牙裔。
[②] 虚妄的妖精：指凯米拉，古希腊神话中的怪物，拥有羊身、狮头、蛇尾，会喷火。寓意妄想、奇想。

第九章 | 如何成为更好的自己

诈。还有一种人与此类似，他们喜好虚幻却不崇尚真实。毫无疑问，这种妄想必然导致恶果，因为他们缺乏牢固的根基。只有真实的功绩能给你真实的名望，唯有内在的品质才会使你受益。说出一个谎言，后面就需要更多的谎言来弥补，用不了多久整个诚信的大厦就会轰然倒塌。缺少根基必然不会长久，如同没有根的树木将很快凋零一样。过多的许诺反而使人生疑，如同证明过多反而有假一样。（箴言175）

▫ 不怕一万，就怕万一

不怕一万，就怕万一。许多人在犯错之后立即广为人知，就是因为他们之前的成功掩饰不了这次的小失误。没有人会直视太阳，可一旦产生日食，人人都会去看。庸俗的人往往如此：他们对你取得的许多成功视而不见，却咬住你的一次小小失误不松口。俗话说，好事不出门，坏事传千里，许多人没犯错之前都默默无闻。请谨记：你所有的过失都逃不过恶意的眼光，而你的一切美德都会被忽略。因此，哪怕是很小的失误也要尽量避免，一次小失误造成的影响远胜过你在一百件事上的成功。（箴言169）

▫ 追求无用之用

追求无用之用。即使毫无用处的东西也有它们的长处，世上的事物都有有利的一面。俗话说得好：傻人有傻福。事物的价值越小，寿限就越长。有裂纹的镜子往往很难彻底破碎，耐用得都让你厌烦。天妒英才：上天都喜欢让庸人长寿，让英才早逝，以此求得平衡。才华横溢的人总是缺衣少食，一无是处的人却从不愁吃穿——无论是真的这样，还是看上去这样。至于那些最不幸的人，则好像被幸运之神和死亡之神同时遗忘了。（箴言190）

▫ 心平气和地生活

心平气和地生活。心平气和的人不但能长寿，而且往往幸福快乐——他们能驾驭生活。为人处世应多听、多看、慎言。白天与世无争，夜晚才能安枕而眠。长寿且快乐，便等于活了两次，这是心平气和的好处。只要你不计较无关紧要的琐事，就不会有烦恼。最傻的事莫过于事事认真。事不关己而为之操心，与事关自己却不肯多管，二者都是一样愚蠢。（箴言192）

▫ 客观看待自己，以及自己的未来

客观看待自己，以及自己的未来。对于刚刚踏上人生旅途的人来说，这一条尤为重要。人们都习惯自视甚高，而最平庸的人往往自视最高。人人都觉得自己是明天的大富翁或天才，满怀希望要大展宏图，但现实却不能使人如愿。因

第九章 | 如何成为更好的自己

此，客观地看待现实，是对虚妄想象的最好抵制。学习如何面对残酷的现实是重要的一课，明智之人总是能怀抱最好的愿望，做最坏的打算，并心平气和地承受任何后果。志存高远是好的，至少表明了你是目标远大之人，但不要好高骛远——这容易导致错过一些适合你的目标。开始一项工作时，调整好你的期望值。任何事在亲历之前，都会因为缺少经验而做出错误的决断。小心谨慎是治疗各种愚行的万能神药。努力认清自身能力，客观了解事情本身，使你的目标符合现实，这才是正确的做法。（箴言194）

▣ 要学会追随自己的幸运

要学会追随自己的幸运。最无助的事莫过于把幸运弄丢了：你若不走运，是因为你还没有发现它。仅仅因为幸运女神的眷顾，有的人因攀龙附凤而身居高位，有的人能得贵人相助，但他们都不知其中奥妙，只是努力顺应运气而已。有的人在一个国家比在另一个国家会更顺利，也有的人在一个城市比在另一个城市更加有名。同一个人，能力没有大变化，但换一种职业或一个部门就会更加幸运。幸运女神常常随意洗牌，你应该努力去了解自己的幸运在哪里，这样你的成功之路才能顺利。因此，要学会追随自己的幸运，不要擅自更换和破坏它，更不要对它不屑一顾。（箴言196）

知足，同时留一些愿望到明天去实现

知足，同时留一些愿望到明天去实现。这样常怀期待，可以避免身在福中不知福。身体上的欲望满足了，还有精神追求。如果拥有了一切，那这种拥有必将幻化成失望与不满。因为有希望，所以才努力追求：过度的幸福将是致命的。就算学习知识，也应该遵循这个规则：留下一些未知之知，从而激发出更大的兴趣。同样，帮助别人也要如此——千万不要让他们完全满足，当他们一无所求时，你就得小心了，因为这时任何快乐都不能使他们感到满足。当欲望之火熄灭时，恐惧之夜即将来临。（箴言200）

语言完美，行动完美，你就完美

语言完美，行动完美，你就完美。说得体的话，做得体的事，就能成为一个完美的人。得体的话能显示一个人的完美头脑，而得体的事则更显示出心灵的完美，二者都来源于高贵的品质。语言是行为的影子。因良好的行为被赞美，远胜于用语言赞美别人；说话容易，但行动最难。英名总是通过实干得以永生，而空言能使之消亡。行为是深思熟虑的产物——语言蕴含着智慧，行为则表达崇高。（箴言202）

第九章 | 如何成为更好的自己

▣ 合理规划自己的生活

合理规划自己的生活。不要把生活搞得杂乱无章,即使遇到紧急之事,也要保持冷静和判断力。过于忙碌的生活是疲惫的,就像走了一整天却无处歇脚一样。因此,想要让生活过得愉快,就要博学多识。合理而丰富的人生应该是这样的:第一步,我们应该向古人学习,古人给我们留下了许多财富——我们一生下来就必须了解别人,进而了解我们自己,而书籍会使我们受益匪浅。第二步,我们要学会与世人相处,要看到世上一切美好的事物,不要让自己成为井底之蛙——上天在一开始就给了每个人公平的机会,就好比最丑的女儿总能得到最丰厚的嫁妆。第三步,要学会独立思考,成为你自己。人生最幸福的事情就是,让自己成为一位哲人。(箴言229)

▣ 才智过人的标志就是,不按常理出牌

才智过人的标志就是,不按常理出牌。对从来不反对你的人,不要给予过高的评价,因为这并不表示他爱你,反而能说明他更爱自己;也不要被阿谀奉承蒙蔽,更不要报答他,而应该果断摈斥他。如果你经常招来批评,尤其是批评之人喜欢把好的说成坏的,那么,大可将这种批评当成一种荣誉。相反,当你的言行让所有人都高兴时,你应该感到痛苦:因为这恰恰证明了你的言行失当。要知道,完美永远只

属于极少数人。（箴言245）

▫ 预见到阻力，并将它转化为动力

预见到阻力，并将它转化为动力。避开前进途中的阻力，比摧毁这种阻力要明智得多。将潜在的敌人转化为密友，让本来与你作对的人变成你的保护者，这需要高超的本领。要做到这一点，就要学会感恩——无论是你对别人，还是别人对你，感恩的人无心也无暇去伤害别人。只有学会把苦转化为乐，才算真正懂得如何生活。把对你怀有恶意的人转变为知己，你将受益匪浅。（箴言259）

▫ 不要独自一人占有所有好东西

不要独自一人占有所有好东西。好东西在别人手里只会更好，只有这样我们才能更好地享受它。匹夫无罪，怀璧其罪，好东西的主人往往是走马灯似的轮换。我们在欣赏别人的东西时，总是会加倍地喜欢，因为你既不必冒失去它的危险，又能产生新奇的快感。很多东西都是别人的好，就好比井水都是别人家的甜一样。当你拥有某些东西后，你对它的喜爱不但会大大减少，而且还常常在借给别人后产生莫名的担心而徒增烦恼——你只是单纯地占有，或者替别人保管一下。否则，你将一无所获，除了获得一群潜在的敌人外。（箴言263）

第九章 | 如何成为更好的自己

▢ 不要以一人之力阻挡时代潮流

不要以一人之力阻挡时代潮流。潮流与时尚之所以能取悦大众，必然有它的可取之处，人们喜欢它，而且不会在意这种潮流是如何形成的。特立独行容易招致别人的嘲笑，如果你还孤芳自赏，人们将不再理睬你。你阻挡不住潮流滚滚向前，反而会被潮流抛弃和淹没。如果你不知道如何欣赏流行的事物，那么就不要发表意见，更不要去谴责。一般来说，只有无知之人才会如此不识大体。能被大众所接受并喜爱的东西，要么是事实，要么是人们希望成为事实的东西。
（箴言270）

▢ 保持足够的吸引力

保持足够的吸引力。这是一种极大的魅力，就像磁铁一样能吸引到别人的帮助，不过这还远远不够——还要能吸引别人的善意，并充分利用这种帮助和善意。要想取悦他人，光有美德是不够的，除非有魅力的支持——要想让人信服，富有魅力才是最好的方法。受到普遍欢迎不能光靠修养，还需要不断修炼个人魅力。自然的天赋加上后天的修炼，将使你魅力无穷，并最终会为你赢得众人的爱戴。（箴言274）

不轻易露面，更能赢得尊重

不轻易露面，更能赢得尊重。频繁地在公众场合现身，容易损害你的美名，而不露面却会增加声望。有的人不露面时被视为狮子，一旦露面就被视为老鼠。天才因为被滥用而失去光彩，同样的道理，礼物老被把玩，就会失去色彩。大多数人只看得见事物的皮毛，而看不见内在的精髓。相比视力，想象力的能量更大。错误的信息往往都来自偏听，而亲眼所见则使人清醒。想要赢得名声，就得让舆论时刻关注你。不死鸟就从不轻易现身，它们善于更新自身的装饰，并通过隐遁让人们永远怀念和渴望。（箴言282）

不要多管闲事

不要多管闲事。多管闲事很可能自取其辱。要想得到别人的尊重，首先要自尊自重。宁可对自己苛刻，也不要放纵，这样成全了别人，才会为别人所需要。到欢迎自己的地方，你会受到善待；而不请自来，可能会遭到排斥。如果主动承担了自己不该承担的事情，一旦失败便会招人怨恨，即使成功了也得不到别人的尊重。随意插手别人的事，更容易成为被嘲弄的对象；多管闲事，往往吃力不讨好。（箴言284）

第九章 | 如何成为更好的自己

◘ 无须对所有的事和人都负责

无须对所有的事和人都负责,否则你就会彻底失去自我,而成为所有人的奴隶。有些人生来很幸运,他们有能力广做善事,施惠于别人。或许你会因此起而效仿,宁愿放弃自由去换取某些不切实际的虚荣。而事实上,自由才更为珍贵。与其把精力放在让更多的人依赖你上面,不如让自己卓然独立于众人之外。拥有权力的唯一优势在于,你可以凭借它做更大的善事,最重要的是无须时刻让自己承担责任而广施恩惠,很多时候,这只是人们有意使你处于施恩者的地位而已。(箴言286)

第十章

避免愚蠢

▣ 做了蠢事不算蠢，不懂得掩藏才是真蠢

做了蠢事不算蠢，不懂得掩藏才是真蠢。你要懂得掩饰情感，但更重要的是掩饰你的错误。人非圣贤，孰能无过？然而区别也在这里：有智慧的人善于文过饰非，蠢人却在为他们还没有犯过的错而大吹大擂。大部分所谓的好名声，都不是靠正大光明的行为取得，而是靠巧取善窃得来的。如果你做不到洁身自好，那么我奉劝你千万要谨言慎行。一失足成千古恨，伟大的人物哪怕只是犯下针尖大小的过失，都像悬挂天际的日月之食，很难逃离众目睽睽的监督。无论如何，不要将自己的缺点随意展示给别人，如果情况允许，甚至也不要袒露心迹。还有一条处世之道也同样适用，那就是学会忘却。（箴言126）

▣ 如果对手捷足先登，切勿盲目跟进

如果对手捷足先登，切勿盲目跟进。绝不要因为你的对手先迈出了正确的脚步，你便固执地支持错误的一方。如果这样，你便是未战先败，注定会含羞带辱地败退下来。错失良机便很难取胜。对手抢先占据了先机，是他的明智；你若因此而选择为最坏的辩护，就不免愚蠢了。毫无疑问，行动上的执拗比言语的强硬更危险，因为行动比言语的风险更大。固执之人出于庸俗和无知，喜好反驳而舍弃真理，偏爱争辩而放弃

第十章 | 避免愚蠢

实效。有智慧的人总是保持理智，不管是事先就知道，还是事后才发现，都勇于修正自己的立场，他们总是与理智结盟，绝不与激情为友。如果你的对手本身愚蠢，他会在下一步改变方向，转换立场，进而失败。一旦对手脱离了正途，你自然有机会抢占上风，再把他拉下马来。对手的愚蠢会让他自弃优势，而他的顽固则会让他落败不堪。（箴言142）

❏ 懂得如何忍受愚蠢

懂得如何忍受愚蠢。智者因为学识的增加，导致他们往往对愚蠢没有耐心。这也是为什么知识渊博的人很难被取悦。爱比克泰德[①]告诉我们，生活中最重要的准则在于懂得如何"忍耐"一切，并把"忍耐"视为所有智慧与真谛的一半。容忍各种愚蠢确实需要极大的耐心。有时候，最常使我们"忍受"痛苦的人正是我们最依赖的人，这也是人生中最重要的忍耐课之一。耐心能带来难以想象的内心平静，而内心平静则是世间最大的福祉。不懂得如何容忍他人，你只能选择独处——即使如此，你还需要忍受你自己。（箴言159）

---

① 爱比克泰德：古罗马著名哲学家，斯多葛学派的代表人物。对后世的哲学与宗教产生过重要影响。

不要成为愚蠢的怪物

不要成为愚蠢的怪物。怪物有许多种：虚荣、专横、执拗、空想、自满、奢侈、自相矛盾、反复无常、标新立异、自由散漫、装模作样、拉帮结派、异想天开等，这些都算是精神上的怪物。一个人精神上畸形比生理上残缺更糟糕，因为它恰恰与高贵的人性背道而驰。可是谁会来纠正这些司空见惯的愚蠢行为呢？凡是缺乏良知和宽容的地方，必定容不下忠告与指正。这些人不在意人们的嘲笑，反而削尖了脑袋去追逐虚假的喝彩声，把审慎的观察全然抛在一边了。（箴言168）

发现不足，无论其地位高低

发现不足，无论其地位高低。任何事情总有其不足处，哪怕表面上看很完美的东西，也不一定是真完美。丑陋总是用绫罗绸缎来装饰自己，因此要学会看穿它；丑陋甚至还头戴金冠，但终究不能掩盖其丑恶的本质。无论奴隶制把君主描绘得多高贵，都掩盖不了其奴役别人的丑恶之态。丑陋尽管有时身居高位，但其实质永远卑贱。芸芸众生评价英雄都习惯从瑕疵开始，却没想过英雄之所以成为英雄的优点。居高位者喜欢通过标榜来感染众人引发仿效，甚至仿效其丑陋，献媚讨好者更是如此。他们不曾想到，那只是华丽装饰的结果，一旦装饰消失，丑陋本相便露出来，则人人见而生厌。（箴言186）

第十章 | 避免愚蠢

◘ 不要栽在蠢人手中

不要栽在蠢人手中。蠢人就是那种不会识别蠢人的人,或者即使看出对方是蠢人,也不会将其甩开的人。与蠢人来往,哪怕只是泛泛之交,也会招致危险;倘若对他们推心置腹,危害就更大了。开始时,他们或许会因为你的谨慎或告诫而不敢轻举妄动,但这种克制只是暂时的,时间久了,他们反而变得更加愚蠢。声名狼藉的人只会玷污你的名声,而不是提高。蠢人大多不走运——这几乎是必然的,因为他们必须为自己的愚蠢付出代价,与此同时,他们会将这种厄运传染给与之有交往的人。如果说蠢人还有一点可取之处,那就是:尽管他们于事无补,却是绝佳的反面教材。(箴言197)

◘ 看起来愚蠢的人都是蠢人,看起来聪明的人有一半是蠢人

看起来愚蠢的人都是蠢人,看起来聪明的人有一半是蠢人。天底下最大的愚蠢,莫过于把别人视为笨蛋,认为只有自己最聪明。要想当聪明人,不是说看上去聪明就行,而自作聪明就更不可靠了。自认为无知的人往往是最有智慧的,对别人所见视而不见的人肯定是最蠢的人。尽管世界上到处是蠢人,却没有人觉得自己蠢,反而是人人都觉得自己很聪明。(箴言201)

要清楚庸俗之辈无处不在

要清楚庸俗之辈无处不在。即使是在科林斯①，在最显赫的家族，也不能幸免。每个人的身边都有庸俗之人。不仅有普通的庸人，还有出自名门望族的庸人，而后者往往更加庸俗——这些高贵的庸人不仅具备普通庸人的共同特点，还像一面已经破碎的镜子，更容易伤到别人。他们的话语空无一物，并且常常妄言，批评别人。他们简直就是无知的使者、愚蠢的教父、谣言的传播机。有智慧的人往往对他们的言语置之不理，更不会在乎他们的感受。必须明白：他们就是庸俗的代表，你认识他们就是为了远离他们，以免同流合污或者成为他们攻击的目标。（箴言206）

不要死在愚蠢上

不要死在愚蠢上。聪明的人常常因一时糊涂而死，他们死于失去理智之后；愚蠢之人常常因不听忠告而死，他们死于找到理智之前。还有的人因痴迷推理而死，他们死于思虑

---

① 科林斯：位于伯罗奔尼撒半岛的东北部，是临科林斯湾的一个城市，是连接希腊本土和伯罗奔尼撒半岛的战略重地，同时也是贸易和交通中心。公元前7世纪至公元前6世纪时是盛极一时的强国，以文化和教育著称。

第十章 | 避免愚蠢

过度。有的人因其感触太多，很快就死掉了；有的人则因其麻木不仁，活得好好的。前者是愚蠢的，因为他们太忧郁；后者也是愚蠢的，因为他们麻木。因此，过分聪明和愚蠢一样愚蠢。有人死得明白，有人却糊里糊涂地活着。尽管许多人死于愚蠢，但真正的蠢材却很少死掉，因为他们从来谈不上活过。（箴言208）

▫ 把自己从世俗的愚蠢中解脱出来

把自己从世俗的愚蠢中解脱出来。这需要一种特别的力量。因为世俗的愚蠢正在被慢慢普通化，从而拥有强大的惯性：人们或许能抵挡个别的愚蠢，却无法抗拒普遍的愚蠢。这些常见的愚蠢包括：即使已经很富有了，却对财富永不满足；即使是很愚蠢，也觉得自己很聪明；对自己所拥有的幸福感到不满足，对别人的幸福却垂涎三尺。换言之，今天的人们都习惯奢望昨天的东西，这里的人们都习惯向往别处的风景——仿佛过去东西总是更好，而远处的事物好像都更有价值。还有两种普遍的愚蠢是这样的：要么对现实的一切不屑一顾，要么对一切都怀疑与悲观。（箴言209）

◆ 智慧书 ◆

The Art of Worldly Wisdom

▫ 同一件蠢事不要干两次

同一件蠢事不要干两次。我们常常为了纠正一个错误，又去接着干好几件傻事。人们常说，谎话一旦开了头，就会一发不可收拾，而且越说越大。做错事也是如此。明明做错了，却仍固执己见，用更多的错去挽回这一个错。做错了事还为之辩解是糟糕的，错了还掩饰就更加糟糕。人总要为自己干的蠢事付出代价，但如果连承认的勇气都没有，必将付出更大的代价。伟人也会犯错，但不同的是，伟人不会重复犯同样的错；偶有错误不要紧，绝不要知错不改，或者甘愿一错再错。（箴言214）

▫ 蠢人与聪明人的差别在于行动的时机

蠢人与聪明人的差别在于行动的时机。所有人都在做相同的事，而根据做事的时机不同，就能区分出蠢人和聪明人。聪明人做事总是恰逢其时，而蠢人总在不恰当的时候做不恰当的事。你的思考和心智，决定了你的行动：该戴在头顶上的就不要踩在脚底下，该用左手的就不要用右手。还有一点要记住，凡事宜早不宜迟。否则，你本可以愉快完成的事就会变成被迫而为的。聪明人知道哪些事先做，哪些后做，然后心情愉快地去做它们，并以此提高自己的声望。（箴言268）

别让别人的厄运毁了自己

别让别人的厄运毁了自己。如果你知道谁处于不幸之中,便需要提前预见到他可能会向你寻求帮助。处于困境的人总是希望有人为他分忧,甚至会向他之前不屑一顾的人求助。(箴言285)

轻浮,容易招来最难堪的耻辱

轻浮,容易招来最难堪的耻辱。当一个人浑身都透着市俗气时,人们就不会再把他看得很神圣。轻浮不但是自贬人格,而且也得不到人们的尊敬,因为它与高尚的品格是完全背道而驰的。没有什么缺陷能让你遭受最难堪的屈辱,除了轻浮。轻浮的人因胸中无物而显得毫无分量,即使是年纪渐长,也不会因为经历了时光的磨砺而变得谨慎。轻浮是一种屡见不鲜的缺点,却依然会招致极端的轻蔑。(箴言289)